水利工程造价预测

杨 娜 编著

黄 河 水 利 出 版 社
·郑州·

内 容 提 要

本书依据水利部颁布的有关水利工程设计概(估)算编制的规定、规范,从水利工程建设与管理的实际出发,系统地介绍了工程造价的概念和基础理论,水利工程造价预测的方法。其内容主要有工程造价概述、工程造价管理、工程造价预测、基础价格、工程单价、设计概(估)算编制、国际招标工程造价预测等。

本书内容全面,具有较强的科学性、实用性,可供水利工程造价人员使用,也可供水利工程其他专业设计人员阅读参考。

图书在版编目(CIP)数据

水利工程造价预测/杨娜编著.—郑州:黄河水利出版社,2010.6

ISBN 978-7-80734-834-4

Ⅰ.①水… Ⅱ.①杨… Ⅲ.①水利工程-建筑造价管理 Ⅳ.①TV512

中国版本图书馆 CIP 数据核字(2010)第 099992 号

出 版 社:黄河水利出版社

地址:河南省郑州市黄委会综合楼 14 层　　邮政编码:450003

发行单位:黄河水利出版社

发行部电话:0371-66026940、66020550、66028024、66022620(传真)

E-mail:hhslcbs@126.com

承印单位:黄河水利委员会印刷厂

开本:890 mm×1 240 mm　1/32

印张:3.75

字数:110 千字　　印数:1—1 000

版次:2010 年 6 月第 1 版　　印次:2010 年 6 月第 1 次印刷

定价:15.00 元

前 言

水利是农业的命脉,水利工程是国民经济和社会发展的重要基础设施,水利建设在国民经济建设中占有重要地位。

水利建设项目的实施,需要国家、各级政府投入大量资金。如何最大限度地发挥投资效益(投入较少的资金,发挥较大的效益),是工程造价人员应当研究和解决的主要课题。准确预测工程投资可为水利建设项目决策提供科学依据,并提供合理的宏观控制目标、投资规模和资金筹措方案,在项目建设前期科学地控制工程造价,为工程竣工决算、基建审计提供基础资料。

本书较全面地介绍了工程造价的概念及基础知识,依据水利部颁布的《水利工程设计概(估)算编制规定》、《水利建筑工程概算定额》、《水利建筑工程预算定额》、《水利水电设备安装工程预算定额》和《水利工程施工机械台时费定额》等规范,并结合国际招标工程的实例,以工程造价预测的全过程为主线,系统地介绍了基础价格、建筑工程单价、安装工程单价、设计概(估)算编制以及国际招标工程造价预测等内容。

全书共分七章,第一章介绍了工程造价的含义,第二章介绍了工程造价的管理,第三章介绍了工程造价的预测方法,第四章介绍了基础价格的编制,第五章介绍了工程单价的编制,第六章介绍了设计概(估)算的编制,第七章介绍了国际招标工程造价预测的内容及编制方法。

在本书的编写过程中,编者参考并引用了相关专业书籍的论述,在此向有关编著人员表示衷心的感谢!

由于时间仓促和编者水平有限,书中难免存在不足之处,敬请广大读者批评指正。

编 者

2010 年 4 月

目　录

第一章　工程造价概述

工程造价是保证工程项目建造正常进行的必要资金，是建设项目总投资中的最主要部分。工程造价的概念具有多种含义，例如“建设项目投资”、“工程投资”和“工程价格”等。在建设项目的决策、实施过程中，工程投资、工程价格、工程造价均表示为资金投入的数量，但其包含的内容有所区别。本章将围绕工程造价的含义、特点、计价特征和主要内容进行阐述。

第一节　工程造价的含义

工程造价是指建设一个工程项目所需要的总费用，即从工程项目确定建设意向直至竣工验收的整个建设期间所支付的总费用。工程造价与建设项目投资、工程投资、工程价格的含义有着共同特点，均表示投入项目建设资金的数量，但其内容上是不同的。

一、建设项目投资与工程造价的关系

建设项目投资是指投资主体在选定的建设项目上预先垫付资金，以期获得预期收益的经济行为。它具有明确的主体性和目标性。其主体是指建设项目的业主，目标是指对投资所形成的资产保值增值。

一个建设项目的总投资包含固定资产投资和流动资产投资两部分。当建设项目固定资产投资表示为资金的消耗数量标准时，工程造价与其同量，即建设项目工程造价等同建设项目固定资产投资，但并不同义，工程造价只是表示建设工程所消耗资金的数量标准，不具备明确的主体性。

水利工程的总投资和总造价不同，总造价是在总投资中扣除回收金额、应核销支出以及与工程无直接关系的投资后形成的。

二、工程投资、工程价格与工程造价的关系

工程投资(即建设成本),是对投资主体(如业主、项目法人)而言的。为取得低投入高产出的效果,须对建设投资实行全过程控制和管理。工程投资的边界涵盖建设项目的费用,但不包括业主的利润和税金。其性质属于对具体工程项目的投资管理的范畴。

工程价格是建筑产品价值的货币表现,是承发包双方用来交换的货币数量标准。工程价格是对应于发包方、承包方而言的,形成在合同的买卖关系中。双方都在争取有利于自身的合理价格,并为实现价格、补偿工程风险提供保证,双方都必须对具体工程项目的价格进行管理。工程价格只包括建设项目的局部费用,同时含有承包方的利润和税金,并以"价格"的表现形式进入工程投资,是工程投资的重要组成部分。其性质属于价格管理的范畴。

工程造价与工程价格在工程建设承发包阶段是同义的,均是指工程预期消耗的资金数量,但不一定同量。因为发包人编制的标底、投标人编制的报价虽然都属于招标阶段的工程造价,但由于双方的出发点、技术水平、管理水平各不相同,所以标底和报价是不相同的。而招标阶段承发包双方最终签订的合同价格,属于工程价格,也不一定与标底和报价相同。所以,工程造价和工程价格同义但不一定同量。

总之,建设项目投资、工程造价、工程价格之间是既相互联系又相互区别的关系。区别在于管理内容方面,建设项目投资管理重点解决决策的正确性和建设项目投资效果,工程造价管理则是合理地确定和有效地控制工程造价,工程价格管理的重点是力求与市场的实际相吻合,尽量准确反映市场对工程价格的影响。

第二节　工程造价的特点

工程造价强调的是工程建设所消耗资金的数量标准,它通常呈现以下特点。

一、工程造价的大额性

能够发挥投资效用的任一项工程，不仅其本身实物形体庞大，而且涉及占地、移民、环境、交通、建材等方方面面，工程造价高昂，尤其是大型或特大型工程造价更是达到数百亿元，甚至上千亿元。因此，工程造价的大额性，必然对宏观经济产生重大影响，而且关系到相关各方的经济利益，具有特殊的地位。

二、工程造价的不确定性

在工程项目的实施过程中，其外部环境存在许多不确定因素，例如通货膨胀、气候条件、地质条件、施工环境条件等，有可能给工程项目带来诸如投资环境恶化、不可抗力事件、停工、建筑材料供应中断等外部风险。这些不确定因素将会给工程造价带来异常变化。

三、工程造价的动态性

水利工程建设周期较长的特点，决定了工程造价的动态性。不可控制的动态因素如工程变更、设备及建材价格上涨、工资标准及费率变化、利率汇率政策性变化等，直接影响到工程造价的变化。

四、工程造价的层次性

一个建设项目通常由单项工程、单位工程、分部工程、分项工程等组成。建设项目总造价则由单项工程造价、单位工程造价等汇总而成。因此，建设工程的层次性决定了工程造价的层次性。

五、工程造价的兼容性

工程造价的兼容性表现在以下几方面：首先，它具有工程投资和工程价格两种含义；其次，工程造价构成因素具有广泛性和复杂性，比如建设用地费用、项目可行性研究费用和规划设计费用以及与政府政策相关的费用等，在工程造价中占有一定的比例；再次，赢利的构成也较为复杂。

第三节　工程造价的计价特征

工程造价的特点，决定了工程造价的计价特征，大致归结为单个性计价、多次性计价、分部组合计价等。

一、单个性计价

虽然建设工程最后产生的都是建筑产品，但不能像工业产品那样按照品种、规格、质量成批生产和定价，只能通过特殊的程序针对各工程项目计算工程造价，即单个性计价。在水利工程建设中，由于处于特定的自然环境条件下，各建筑物都具有特定的功能和用途，建筑实物形态千差万别，而且具有不同的建筑等级和建筑标准，不同的体形结构和造形，不同的体积和面积，因而需要采用不同的施工工艺和建筑材料进行建设。所以，每一项建设工程都必须根据当地、当时的具体情况，进行单独计价。

二、多次性计价

一项建设工程特别是水利工程，需要消耗大量的资源，具有很长的设计周期和建设施工周期。在工程建设的各个阶段进行深度不同的工作，并不断加大设计深度。同一个工程需要根据不同阶段编制估算、概算、预算等，施工过程中有可能还需要编制调整概算，以应对物价上涨、政策变化等对工程投资的影响。

三、分部组合计价

建设项目是多个单项工程的总体，而单项工程为具有独立存在意义的完整的工程项目，这些单项工程具有独立的设计文件，竣工后可以独立发挥生产能力或工程效益。通常的工程结构为：建设项目由若干个单项工程组成，单项工程由若干个单位工程组成，单位工程由若干个分部工程组成，分部工程则由若干个分项工程组成。

计价时，按上述构成进行分部计算，并逐层汇总各部分投资，形成总投资。建设工程也就具有了分部组合计价的特点。

第四节　水利工程造价的内容

根据水利工程建设程序,工程建设通常分为以下几个阶段:项目建议书、可行性研究、初步设计、施工准备、工程实施。

与上述工程建设阶段相适应的工程造价,共分为如下几种:前期阶段的投资估算,初步设计阶段的设计概算,施工图阶段的施工预算(或标底),招投标阶段的承包合同价,竣工后的竣工结算以及项目完建后的竣工决算。

为建设项目编制的项目建议书和相应的投资估算须经上级主管部门批准,方可作为拟建项目列入国家中长期计划,投资估算可作为开展前期工作的控制性造价。

可行性研究阶段按照有关规定编制的投资估算,经上级主管部门批准后,可作为该工程项目国家计划控制造价。

初步设计阶段编制的设计总概算经主管部门批准,可作为拟建项目工程造价的最高限价。对于初步设计阶段进行招投标的项目,其合同价应控制在相应的最高限价之内。

施工准备阶段业主可根据需要,委托编制单位编制预算以及招标工程的标底,进行合同谈判,确定工程承发包合同价格。

工程项目或单项工程竣工验收后,施工单位与建设单位之间办理工程价款的结算,称为竣工结算,它是编制竣工决算的基础。

基本建设项目完建后,在项目竣工验收前,建设单位与业主之间办理竣工决算。竣工决算是综合反映竣工项目建设成果和财务情况的总结性文件,并作为办理工程交付使用的依据。

水利工程造价的构成主要有工程费用、独立费用、预备费和建设期融资利息,具体构成如图 1-1 所示。

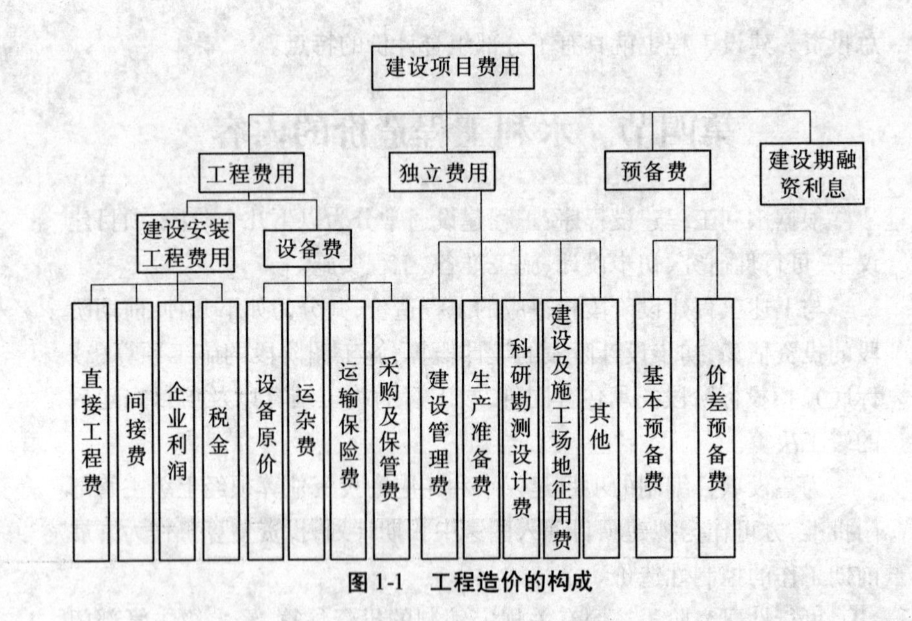
建设项目费用
工程费用
独立费用
预备费
建设期融资利息
建设安装工程费用
设备费
直接工程费
间接费
企业利润
税金
设备原价
运杂费
运输保险费
采购及保管费
建设管理费
生产准备费
科研勘测设计费
建设及施工场地征用费
其他
基本预备费
价差预备费

图 1-1　工程造价的构成

第二章　工程造价管理

第一节　工程造价管理的概念

工程造价管理强调的是工程建设整个过程的管理，是对建设项目的规划、项目建议书、可行性研究、初步设计、施工图设计等各阶段工程造价的预测，工程招投标及承发包价格的确定，建设期间工程造价的调整，工程竣工决算以及后评价整个建设过程的工程造价管理。其意义深远，作用巨大，主要表现在以下几个方面：

(1)工程造价管理可为建设项目决策提供科学依据。

(2)通过技术经济比较、设计方案优化，进行前期预期控制，科学控制工程造价。

(3)确定合理的投资规模和宏观控制目标，例如初步设计阶段编制的概算愈准确，基本建设投资规模就愈容易控制，愈有利于工程项目的顺利实施。

(4)可提供合理的资金筹措方案。

(5)为实施工程招标提供必要条件，此阶段编制的标底为选择承包商提供重要的依据。

(6)为竣工决算、基建审计等提供重要的基础资料。

工程造价管理可分为宏观造价管理和微观造价管理。宏观造价管理指的是国家利用法律、经济、行政等手段对建设项目的建设成本和工程承发包价格进行的管理，即：利用利率、税收、汇率和价格等政策及强制性标准，监督、管理工程建设成本；利用法律、行政等手段，引导和监督市场经济，保证市场有序竞争。微观造价管理指的是投资方对项目建设成本全过程的管理和承发包双方对工程承发包价格的管理，即工程造价预控、预测和工程实施阶段的工程造价控制、管理以及工程实际造价的计算。

第二节　工程造价管理的内容

工程造价管理的核心内容是对工程项目造价的确定和控制,主要由两个并行的,各有侧重又相互联系、相互重叠的工作过程构成,即项目规划的过程和工程造价的控制过程。在项目前期阶段,以规划为主;在项目实施阶段,工程造价的控制占主导地位。

工程造价管理的基本内容是合理确定和有效控制工程造价。建设项目各阶段工程造价管理的主要内容如下。

一、项目决策阶段

项目决策阶段是工程项目实现过程的第一阶段,由流域(或区域)规划、项目建议书和可行性研究等阶段组成。

(一)流域(或区域)规划

根据国家长远计划、流域(或区域)的水资源条件以及该流域(或区域)水利水电建设发展的要求,提出梯级开发和综合利用的最优方案。工作内容包括全面、系统调研该流域(或区域)的自然地理、经济状况等,初步确定可能的各坝址位置、建设条件,拟定梯级布置方案的工程规划、工程效益等,多方案分析比较,选定合理的梯级开发方案,并推荐近期开发的工程项目。

(二)项目建议书

项目建议书是工程项目建设的建议性文件,其主要作用是对拟建的工程项目进行说明,概括论述工程项目建设的必要性、可能性,为下阶段可行性研究提供依据。本阶段主要是从投资方面对拟建项目提出轮廓构想。

(三)可行性研究

可行性研究是在项目建议书获得批准后进行的。可行性研究报告是确定建设项目、编制设计文件的重要依据,应对工程项目建设的可行性从经济、技术、社会、环境等方面进行全面、科学的分析论证。本阶段工程造价的管理主要是对工程的规模、设计标准进行控制,并对不同方案进行投资估算和充分的技术经济比较,分析论证项目的经济合理性。经济评价是可行性研究的核心内容和项目决策的重要依据,通过计算项目的投入费用和产出效益,对拟建项目的经济合理性、可行性进行分析论证,提出投资决策的经济依据,确定最优投资方案。

二、设计阶段

水利工程一般采用两阶段设计:初步设计和施工图设计。初步设计阶段编制工程概算,施工图设计阶段编制预算。工程造价管理是对造价进行前期控制。预先确定和测算工程造价,应逐步细化、准确,并受前阶段造价的控制。

三、施工准备、实施阶段

在施工准备阶段,工程造价管理的内容主要是编制预算、招标标底、投标报价以及合同谈判和签订中标价格。

工程实施阶段造价的管理,包括两个层次的内容:一是业主与其代理机构之间的投资管理,主要内容有编制业主预算、资金的统筹与运作、投资的调整与结算;二是建设单位与施工承包单位之间的合同管理,主要内容有工程价款的支付、调整、结算以及变更和索赔的处理等。

四、竣工验收和后评价阶段

竣工验收阶段工程造价的管理,是依据水利工程概预算、项目管理预算、工程承包合同、价格调整、工程结算等资料编制工程竣工决算。

后评价一般应在项目竣工投产、生产运营1~2年后进行。此阶段工程造价管理方面,主要是对工程项目投资、国民经济评价、财务效益等进行后评价。

第三节　工程造价管理的职能与作用

水利工程造价管理的目的,是合理使用建设资金,提高水利工程投资效益。在工程建设全过程中,对工程造价进行优化、控制、管理,可有效利用有限的资源，确保实现建设项目的效益，保障参与建设各方的利益。工程造价的管理除具有商品价格职能外，还具有预测职能、控制职能、评价职能和调控职能。这是由建设工程自身特点所决定的。

一、工程造价管理的职能

（一）预测职能

在工程造价管理中，投资方、承包方都要对工程造价进行预测。投资方测算的工程造价不仅是项目决策的依据，也是筹措资金、控制造价的依据。承包方测算工程造价，为投标报价、投标决策和成本管理提供了依据。

（二）控制职能

在工程建设的各个阶段，通过对造价的多次预估，对造价进行全过程多层次控制。同时，对以承包方为代表的商品和劳务供应，企业应进行成本控制。

（三）评价职能

工程造价管理的评价职能，包括评价工程总投资和分项投资的合理性、投资效益和风险，评价建设项目偿债能力、获利能力和宏观效益，评价建筑安装工程产品价格、设备价格的合理性等。

（四）调控职能

水利工程具有建设规模大、投资额度大、建设周期长等特点。水利工程的建设直接关系到国民经济的发展和增长，关系到国家重要资源的分配和资金流向，对国计民生有着重大影响。因此，通过工程造价管理，国家以经济杠杆对工程建设进行宏观调控，并实现对水利工程建设规模、投资方向、物质消耗水平等的控制。

二、工程造价管理的作用

（1）工程造价为建设项目决策提供了科学依据。

工程造价决定建设项目的一次性投资费用。项目决策中一个独立的投资主体首先要解决的问题是财务能力，若建设工程的价格超过投资者的支付能力，或者项目投资的效果达不到预期目标，投资方就会被迫自动放弃拟建项目。因此,在项目决策阶段,建设工程造价就成为项目财务分析和经济评价的重要依据。

(2)工程造价是编制建设项目投资计划和控制投资的依据。

正确的投资计划有助于合理和有效地使用资金,编制投资计划的依据主要是建设工期、工程进度和工程价格。在控制投资方面,工程造价对投资的控制表现在对建设工程造价计算的依据进行控制,制定各类定额、标准和参数等。在市场经济利益风险机制作用下,造价对投资的控制作用成为投资的内部约束机制。

(3)工程造价为筹措建设资金提供了基本依据。

工程造价基本决定了建设资金的需求量。在当前投资主体形成多元化格局的形势下,各方投资所占的比例与工程总投资密切相关。如果预测的工程投资总额不准确或者比例失调,就必然影响建设资金的到位,影响运行期的还贷。

(4)工程造价为推行工程招投标制提供了必要条件。

招投标制是水利工程建设管理制度改革的重要内容,合理的工程标底和投标报价是推行招投标制的关键环节。合理的标底,为选择优秀的承包商提供了重要依据,可有效避免盲目要价和竞相压价等不正当的竞争,为工程建设的顺利进行打下良好基础。

(5)工程造价为科学反映工程实际造价提供了依据。

编制竣工决算的主要依据是设计概算、合同及调价、结算等工程造价资料。竣工决算报告不仅是反映工程实际造价和投资效果的技术经济报告,更是考核投资效果的依据。

(6)工程造价为基本建设审计提供了基础资料。

第三章　工程造价预测

工程造价预测的概念指的是对工程造价的预先测算，即在工程实施前进行费用的预先测算。其目的是为了筹集资金，安排基建计划，控制工程施工招投标。造价预测范围包括规划、项目建议书和可行性研究阶段编制投资估算，初步设计阶段编制设计概算，招标设计阶段编制施工预算、标底及报价等。

对国内招标的水利工程，造价预测的主要工具是国家相关行业颁布的规范，如各类定额、取费标准等。定额是指完成合格产品预先规定的所需要素的标准额度，即人工、材料、机械等消耗量。目前，水利工程采用的定额主要为《水利建筑工程概算定额》、《水利建筑工程预算定额》、《水利水电设备安装工程概算定额》、《水利水电设备安装工程预算定额》和各省、自治区编制的地方定额以及企业内部使用的施工定额等。

工程造价预测文件是以货币形式表现的基本建设项目投资额的技术经济文件，是各阶段文件的重要组成部分。它反映了为进行工程建设所必需的社会必要劳动量，是该工程建设技术水平和管理水平的综合体现。工程造价预测的编制是一项政策性很强的工作，应遵守一定的编制原则和依据，即：遵守国家法律法规、基本建设程序以及相关行业规程规范；适应市场经济环境，密切结合工程实际，合理确定基础价格；应体现社会必要劳动量和社会生产力平均水平，全面反映工程价值；根据不同建设阶段、工程性质、规模、资金来源以及相关定额、指标、设计文件和图纸等，编制相应的工程造价。

第一节　工程造价预测方法

目前，水利工程造价预测的方法，主要有单价法、综合指标法和实物量法。

一、单价法

所谓单价法，指的是工程单价乘以分部分项工程量，计算出分部分项工程造价，然后汇总各分部分项工程造价。而工程单价则是根据工程性质、施工方法等，选取相应定额中的人工、材料、机械消耗量乘以人工、材料、机械的价格，并按规定计取有关费用和税金，其计算单位是一额定量，如 100 m^3、100 m 等。这是我国自新中国成立以来一直沿用的苏联的造价预测方法，也是目前国内编制工程造价所采用的基本方法。其特点是计算比较简单、方便，但也存在一定弊端。单价法是确定人工、材料、机械消耗量的定额，是一定时期一定范围由国家行政部门组织制定颁发的全国(或全省)通用定额，反映了这个时期行业或地区范围的“共性”，而具体的工程项目特别是水利工程，与自然条件(地形、地质、水文等)密切相关，具有突出的个性，因此存在着“个性”与“共性”的矛盾。

二、综合指标法

综合指标法，通常用于水利工程中其他永久性专业工程，例如房屋建筑工程、交通工程(铁路、公路、桥梁)以及供电工程等。综合指标包括人工费、材料费、机械使用费及其他费用，并考虑扩大系数。这种方法的特点是根据多年的施工经验和当时的市场价格行情总结出综合单价，不需具体分析，直接采用，概括性强。综合指标法，也可用于项目规划阶段的投资估算(或称为投资匡算)，例如灌溉渠道可按每千米长度综合指标计算工程投资，估算项目的工程造价。

三、实物量法

实物量法指的是英、美发达国家普遍采用的工程造价编制方法，即针对每个工程的具体情况(施工条件、施工规划)来预测工程造价，简称为“逐个量体裁衣”。采用此方法的前提是要满足设计深度要求，并提供切合实际的施工方法。实物量法的特点是计算比较合理、准确，但过程较麻烦、复杂，对造价人员的要求较高，需要有较高的业务水平和丰富的实践经验。计算单位是划分出的每个工程项目以及基本施工工序的工程量,例如土方开挖量105 000 m^3、26 000 m^3 等。其计算步骤为:建筑物→若干个工程项目、施工工序→进行人工、材料、机械资源配置→计算总直接费→总直接费除以工程量得直接费单价→分析计算间接费→计算利润、税金等其他费用→总费用汇总。

对于国内招标工程来讲,工程造价预测主要采用单价法和综合指标法。

第二节　水利工程分类及工程量计算

一、水利工程分类

水利工程按性质划分为两大类:一是枢纽工程,即将不同类型的水工建筑物有机地布置在一起,控制水流,协调运行,以达到开发利用、保护水资源、防洪排涝和抗旱的目的,包括水库、水电站和其他大型独立建筑物;二是引水工程及河道工程,包括堤防、供水、灌溉及河湖整治工程。

水利枢纽工程建筑物主要有挡水建筑物(如拦河坝、拦河闸等),泄水建筑物(如溢洪道、溢流坝等),水电站建筑物(如引水建筑物、电站厂房等),通航建筑物(如船闸等),过鱼建筑物和筏运建筑物等。

工程项目划分以建筑工程为例进行分析,一般各部分下设一、二、三级项目,例如:下设一级项目为挡水工程;下设二级项目为混凝土坝工程、混凝土闸工程、土石坝工程;下设三级项目以混凝土坝工程为例,再划分为土方开挖、石方开挖、混凝土浇筑、钢筋制作安装、灌浆等;设计中根据工作深度要求和实际工作情况,还可将三级项目再划分,下设四级项目,如石方开挖可分为一般石方开挖、基础石方开挖等,混凝土浇筑可分不同部位、不同强度等级、不同级配等,砌石工程分为浆砌石、干砌石、铅丝笼块石等。

工程项目划分(以混凝土坝为例)详见表3-1。

表 3-1 工程项目划分

序号	一级项目	二级项目	三级项目	四级项目
一	挡水工程			
1		混凝土坝工程		
			石方开挖	
				一般石方开挖
				基础石方开挖
			混凝土浇筑	
				混凝土 C25 三级配
				混凝土 C30 二级配
				混凝土 C30 三级配

二、工程量计算

水利工程造价中两大基本因素为单价和工程量。造价主要以分析价格为主,同时也要掌握工程量计算规则和计算方法,正确灵活处理各类工程量。

计算工程量一是要满足规范的要求,计算口径应统一;二是要注意其设置应与定额子目划分相适应,例如土石方填筑工程应将土料、堆石料、垫层料等分别计列;三是工程量所表示的单位应与定额单位一致,若不一致应以定额单位为准进行换算。

工程量分类大致有以下几类。

(一)设计工程量

按照设计的建筑物几何轮廓尺寸计算的工程量,乘以设计阶段扩大系数即是设计工程量。由于不同阶段设计深度不同,有不同的局限性。一般初步设计阶段之前(含初步设计阶段),设计阶段系数应大于

1.0;初步设计阶段之后的施工图阶段,设计阶段系数等于1.0。

(二)施工超挖量、施工附加量及施工超填量

施工过程中由于施工方法、施工技术、地质条件等因素,引起开挖的实际工程量超出计算开挖量,超出部分即为施工超挖量。施工附加量指的是为完成本项目工程所增加的施工工程量,如隧洞施工中需设置的错车道等增加的工程量。施工超填量指的是超挖回填量。

一般在初步设计阶段之前(含初步设计阶段),分析工程单价采用概算定额,其中包含上述三项工程量,设计工程量中不再计列;施工图设计和招标设计阶段,则采用预算定额,其中未包括上述三项工程量,应单独计算。

(三)施工损失量

施工损失量是指由体积变化、加工、运输及操作损耗和其他损耗引起的工程量。如土方填筑中施工期沉陷量,混凝土等在运输、操作过程中的损耗量,填筑施工后的削坡损失量等。

采用概算定额和预算定额时,应按各定额的章节说明,分别分析计算。例如:钢筋制作安装一节,《水利建筑工程概算定额》中包含了钢筋加工、搭接、施工架立筋的工程量;而《水利建筑工程预算定额》中仅包含了加工损耗量,不包括搭接及施工架立筋。应区别对待,具体情况具体分析。

(四)质量检查量

质量检查量是指为检查施工质量而发生的工程量。如灌浆工程中的检查孔、填筑工程中的试验坑等。对于灌浆工程来说,概算定额包含了检查孔,而预算定额不包含检查孔,需要另外计算。设计中一定要了解工作内容,熟悉章节说明。

(五)专项试验量

专项试验量是指为了给设计工作提供试验数据及重要参数,需进行大型试验而发生的工程量,如碾压试验、爆破试验、级配试验等。按规定列入专项试验和工程科研试验中。

第三节　水利工程概(估)算构成

水利工程概(估)算构成有两部分:一是工程部分,二是移民和环境部分。

概(估)算文件的组成主要有编制说明及相关表格和附件。

一、编制说明

(1)工程概况。简要说明该工程所处的流域、河系,工程兴建地点,对外交通条件。工程规模中说明该工程等级、总库容及总装机容量、防洪保护范围、排涝面积、灌溉面积等指标。

简述工程布置型式,枢纽主要建筑物及其布置型式,例如大坝、电站、厂房、隧洞等建筑物的布置、尺寸。列出工程主体建筑工程量及主要建筑材料用量、土石方开挖量、混凝土浇筑量、钻孔灌浆量等以及工程主材水泥、钢筋、燃料等需用量。

说明工程施工总工期及总工时、施工人数、资金筹措情况、资本金比例、融资利率等。

(2)工程投资主要指标。说明概(估)算计算结果,工程总投资及静态总投资,基本预备费费率,建设期融资额度、利率及利息等。

(3)编制原则及依据。说明采用的规程规范、定额及取费标准、价格水平年、主材预算价格及设备价格、基础单价以及费用计算标准依据、移民和环境部分投资、资金筹措方案等。

(4)其他应说明的问题。

(5)主要技术经济指标表。

二、设计表格及附件

设计表格包括总概(估)算表,分部概(估)算表(建筑工程表、设备及安装工程表、独立费用表等),分年度投资表,资金流量表,三总表(工程单价汇总表、材料预算价格汇总表、施工机械台时费汇总表),主要工程量汇总表,主要材料量汇总表,工时数量汇总表等。

附件包括人工预算单价计算表，主要材料运输费用计算表，主要材料预算价格计算表，施工用风、水、电价格计算书，砂石料单价计算书，混凝土材料单价计算表，工程单价表，补充定额及补充台时费计算书，独立费用计算书，资金流量计算表，建设期融资利息计算书等。

第四章　基础价格

基础价格是编制工程单价的基本依据之一，主要包括人工预算单价，施工用电、水、风价格，砂石料价格，主要材料预算价格，混凝土、砂浆单价和施工机械台时费等。

第一节　人工预算单价

人工预算单价是指单位时间（工日或工时）内生产工人的人工费标准。在现行水利工程规范中，生产工人工种分为四级，即工长、高级工、中级工（机械操作工）和初级工。

人工预算单价 = 基本工资 + 辅助工资 + 工资附加费

一、基本工资

基本工资由岗位工资、年功工资和年应工作天数内非作业天数的工资组成。

岗位工资是指按照生产工人所在岗位各项劳动要素测评结果确定的工资；年功工资是指按照生产工人工作年限确定的工资，随工作年限增加而逐年增加；年应工作天数内非作业天数的工资，是指生产工人开会学习、培训、调动工作、气候影响的停工工资以及各种休假期间的工资。

年内有效工作时间的计算：年应工作天数251 d，非工作天数16 d。

日工作时间为8 工时/工日。

年有效工作天数 = 251 − 16 = 235(d)

非工作天数的工资系数 = 251 ÷ 235 = 1.068

基本工资(元/工日) = 基本工资标准(元/月) × 地区工资系数 × 12(月) ÷ 年应工作天数 × 1.068

地区工资系数见表 4-1。

表 4-1　地区工资系数

序号	地区类别	工资系数
1	六类工资区	1.000 0
2	七类工资区	1.026 1
3	八类工资区	1.052 2
4	九类工资区	1.078 3
5	十类工资区	1.104 3
6	十一类工资区	1.130 4

二、辅助工资

辅助工资是指除基本工资外，以其他形式支付给生产工人的工资性收入。其包括地区津贴、施工津贴、夜餐津贴、节日加班津贴。

地区津贴(元/工日)＝津贴标准(元/月)×12(月)÷年应工作天数×1.068

施工津贴(元/工日)＝津贴标准(元/d)×365(d)×95%÷年应工作天数×1.068

夜餐津贴(元/工日)＝(中班津贴标准＋夜班津贴标准)÷2×20%(或30%)(枢纽工程取30%，引水工程及河道工程取20%)

节日加班津贴(元/工日)＝基本工资(元/工日)×3×10÷年应工作天数×35%

辅助工资标准见表 4-2。

表 4-2　辅助工资标准

序号	项目	枢纽工程	引水工程及河道工程
1	地区津贴	按国家、省、自治区、直辖市的规定	
2	施工津贴	5.3 元/d	3.5～5.3 元/d
3	夜餐津贴	4.5 元/夜班，3.5 元/中班	

注：初级工的施工津贴标准按表中数值的50%计取。

三、工资附加费

工资附加费是指按照国家规定提取的福利、保险等基金，包括职工福利基金、工会经费、养老保险费、医疗保险费、工伤保险费、职工失业保险基金和住房公积金。

工资附加费 = ∑（基本工资 + 辅助工资）× 费率标准（%）

工资附加费标准见表 4-3。

表 4-3　工资附加费标准

序号	项目	费率标准（%）	
		工长、高级工、中级工	初级工
1	职工福利基金	14	7
2	工会经费	2	1
3	养老保险费	按各省、自治区、直辖市规定	按各省、自治区、直辖市规定的 50%
4	医疗保险费	4	2
5	工伤保险费	1.5	1.5
6	职工失业保险基金	2	1
7	住房公积金	按各省、自治区、直辖市规定	按各省、自治区、直辖市规定的 50%

【例 4-1】　某水利枢纽工程，所在地区为六类工资区，初级工基本工资标准为 270 元/月，当地养老保险费费率为 20%，住房公积金费费率为 5%。求该工程初级工的人工预算单价。

已知条件：该地区为六类工资区，地区工资系数为 1.000 0；

无地区津贴；

辅助工资及工资附加费按表 4-2、表 4-3 计取；

初级工施工津贴标准按表 4-2 中数值的 50% 计取；

枢纽工程夜餐津贴计算式中百分比取 30%；

养老保险费和住房公积金按50%计取。

解:该地区初级工人工预算单价为24.34 ÷ 8 = 3.04(元/工时)。计算过程及结果详见表4-4。

表4-4 初级工的人工预算单价计算过程及结果

序号	名称	计算式	单价 (元/工日)
1	基本工资	270元/月×1.000 0×12月÷251工日×1.068	13.79
2	辅助工资		5.69
	地区津贴	无	
	施工津贴	5.3元/d×50%×365 d×95%÷251工日×1.068	3.91
	夜餐津贴	(4.5+3.5)÷2×30%	1.20
	节日加班津贴	13.79元/工日×3×10÷251工日×35%	0.58
3	工资附加费		4.86
	职工福利基金	(13.79+5.69)×7%	1.36
	工会经费	(13.79+5.69)×1%	0.19
	养老保险费	(13.79+5.69)×20%×50%	1.95
	医疗保险费	(13.79+5.69)×2%	0.39
	工伤保险费	(13.79+5.69)×1.5%	0.29
	职工失业保险基金	(13.79+5.69)×1%	0.19
	住房公积金	(13.79+5.69)×5%×50%	0.49
4	人工工日预算单价	13.79+5.69+4.86	24.34

第二节　施工用电、水、风价格

水利工程施工中电、水、风消耗量很大,其预算价格的准确程度直接影响工程造价的质量。施工用电、水、风预算价格的计算,要根据施工组织设计所确定的供应方式、设备选型以及布置型式等资料分别计算。

一、施工用电价格

工程中施工用电可分为生产用电和生活用电。生产用电指的是施工机械和施工照明等用电，构成直接生产成本。施工用电仅计算生产用电。生活用电不直接用于生产，不构成直接生产成本，因而计算施工用电价格时不予考虑。

施工供电方式一般有两种：一种是电网供电，即由工地附近的供电部门供电；另一种是自发电，即由自备的柴油发电机发电。计算公式如下：

电网供电价格 = 基本电价 ÷ (1 - 高压输电线路损耗率) ÷ (1 - 变配电设备及配电线路损耗率) + 供电设施维修摊销费

自发电按冷却方式分为两种形式：水泵供给冷却水和循环冷却水。

水泵供给冷却水自发电电价 =(柴油发电机组组时总费用 + 水泵组时总费用) ÷ (柴油发电机额定容量之和 × 发电机出力系数) ÷ (1 - 厂用电率) ÷ (1 - 变配电设备及配电线路损耗率) + 供电设施维修摊销费

循环冷却水自发电电价 = 柴油发电机组组时总费用 ÷ (柴油发电机额定容量之和 × 发电机出力系数) ÷ (1 - 厂用电率) ÷ (1 - 变配电设备及配电线路损耗率) + 供电设施维修摊销费 + 循环冷却水摊销费

上述公式中参数选取如下：

高压输电线路损耗率，可取4% ~6%；

变配电设备及配电线路损耗率，可取5% ~8%；

供电设施维修摊销费，可取0.02 ~0.03 元/kWh；

发电机出力系数，可取0.80 ~0.85；

厂用电率，可取4% ~6%；

循环冷却水摊销费，可取0.03 ~0.05 元/kWh。

高压输电线路损耗是指高压电网到施工主变压器高压侧之间的损

耗;变配电设备及配电线路损耗是指施工主变压器高压侧至现场各施工点最后一级降压变压器低压侧之间的损耗;供电设施维修摊销费是指变配电设备的折旧费、修理费、安拆费,变配电设备和线路的移设及运行维护等费用。

【例 4-2】 根据施工组织设计资料,某工程外购电与自发电的比例,电网供电为 98%,自发电为 2%。基本数据如下所示,求该工程施工用电综合电价。

已知条件:电网电价取 0.657 元/kWh;

高压输电线路损耗率取 4%;

变配电设备及配电线路损耗率取 6%;

供电设施维修摊销费取 0.03 元/kWh;

自发电采用一台 160 kW 柴油发电机,出力系数取 0.80,台时费取 157.82 元/h,不需冷却水;

厂用电率取 5%。

解:根据电网供电价格和自发电电价计算公式,综合电价计算如下:

电网供电价格 = 0.657 ÷ (1 - 4%) ÷ (1 - 6%) + 0.03

= 0.76(元/kWh)

自发电电价 = 157.82 ÷ (160 × 0.80) ÷ (1 - 5%) ÷ (1 - 6%) + 0.03

= 1.41(元/kWh)

综合电价 = 0.76 × 98% + 1.41 × 2% = 0.77(元/kWh)

二、施工用水价格

水利工程因多处于山区偏僻地区,施工用水水源通常有工地附近河流、水库、打井等。一般均为自设供水系统,包括生产用水和生活用水两部分。生产用水是指构成生产成本的施工用水,包括施工机械用水、砂石料筛洗用水、混凝土用水以及钻孔灌浆用水等。施工用水价格仅计算生产用水,生活用水不属于施工用水价格的计算范围。施工用水价格由基本水价、供水损耗和供水设施维修摊销费组成。

施工用水价格 = 水泵组时总费用 ÷ (水泵额定容量之和 × K) ÷ (1 - 供水损耗率) + 供水设施维修摊销费

式中:供水损耗为施工用水在储存、输送、处理过程中的水量损失,损耗率取8% ~12%;供水设施维修摊销费为水池、供水管道等供水设施的维修费用(供水设施建筑安装费列入其他临时工程内),可按经验指标0.02 ~0.03元/m^3摊入水价;K为能量利用系数,取0.75 ~0.85。

施工用水价格计算时应注意以下几个问题:

(1)施工用水为多级提水并中间有分流时,要逐级计算水价。

(2)施工用水有循环用水时,水价要根据施工组织设计的供水工艺流程计算。

(3)水利工程施工生产用水,一般需要分别设置多个供水系统,综合水价可按各供水系统水量的比例加权平均计算。

三、施工用风价格

施工用风主要是指工程施工时风动机械所需的压缩空气,其价格由基本风价、供风损耗摊销费和供风设施维修摊销费组成。风价的计算应根据施工组织设计所配备的空压机系统设备型号和总供风量等资料进行。供风方式通常有固定式和移动式两种。固定式空压机的优点是供风量大、成本低、可靠性高、风量可调节,缺点是不灵活;移动式空压机的优点是机动灵活、管路短、损耗少、临时设施简单,缺点是成本高、风量调节困难。工程设计中,通常采用分区布置供风系统,由多台固定式空压机配适量移动式空压机组成。

施工用风价格 =(空压机组时总费用 + 水泵组时总费用)÷
(空压机额定容量之和 ×60 min ×K)÷
(1 - 供风损耗率)+ 供风设施维修摊销费

空压机系统如采用循环冷却水,不用水泵,施工用风价格公式改为:

施工用风价格 = 空压机组时总费用 ÷(空压机额定容量之和 ×
60 min ×K)÷(1 - 供风损耗率)+ 供风设施维修摊销费 +
单位循环冷却水摊销费

式中:供风损耗为由压气站至用风工作面的固定供风管道,在输送压缩空气过程中所发生的风量损耗,损耗率可取8% ~12%;供风设施维修摊销费为供风设施的维修费用，可按经验指标 0.002～0.003 元/m^3 摊入风价；单位循环冷却水摊销费为摊入风价中的循环冷却水费用，取 0.005 元/m^3；K 为能量利用系数，取 0.70～0.85。

在施工用风价格计算中，应注意不需计算风动机械本身的用风及移动的供风损耗费用，该费用已包含在机械台时费之中。

第三节　砂石料价格

水利工程砂石料是砂砾料、砂、碎石、卵（砾）石、块石、条石等的统称，为混凝土、堆砌石的主要建筑材料。按来源不同分为人工料和天然料两种。人工料指以开采石料为原料，经过机械加工（破碎、碾磨）而成；天然料指以开采砂砾料为原料，经过筛分、冲洗加工而成。

砂石料价格计算一般分为自行采备价和外购价。大中型水利工程砂石料一般采用自行采备，对于料源缺乏、不具备或不宜在当地开采砂石料的工程以及小型工程，可就近从附近的砂石料场购买。自行采备砂石料价格需单独计算；外购砂石料价格按材料预算价格的编制方法计算，需包括料场购买价、运杂费、运输堆存损耗、采购及保管费等。

工程实际中也有采用混合方法的，即人工料与天然料相结合，其砂石料综合价格按设计提供的人工料与天然料的比例加权平均计算。

对于混凝土占有一定比重的水利工程，砂石料价格的高低对工程投资有着较大影响，而且砂石料单价的计算较为复杂，因此下面重点分析自行采备砂石料单价的计算方法。

砂石料单价的计算方法通常有两种：一是系统单价法，即以整个砂石料生产系统为计算单位，将单位时间内总费用除以总产量，这种方法对施工组织设计深度要求较高，故较少采用；二是工序单价法，以骨料生产流程中若干个工序（如覆盖层开挖、毛（原）料开采运输、筛洗加工、成品骨料运输以及弃料处理等）为单位，计算各工序单价，然后分别计入各项系数，合计为骨料单价，工程中较多采用这种方法。

工序单价法计算中应注意的是，所采用的规范定额中已包含砂石料开采、加工、运输及堆存等各种损耗。开采损耗指的是在开采爆破过程中的损耗；加工损耗指的是在破碎、筛洗、碾磨过程中的损耗；运输损耗指的是毛（原）料、半成品、成品骨料在运输过程中的损耗；堆存损耗指的是在各工序堆存过程中的损耗，如堆料场的垫底损耗。

天然料的施工工艺通常为：覆盖层清除→毛料开采运输→预筛分→筛分冲洗→成品骨料运输→弃料（如超径石、剩余骨料等）处理。

人工砂石料的施工工艺通常为：覆盖层清除→碎石原料开采运输→机制碎石→球（棒）磨机制砂→成品骨料运输。

【例4-3】 某水利枢纽工程进入初步设计阶段，经计算除天然砂石料外，需要补充人工砂石料。其施工工艺如下：碎石原料开采（150型潜孔钻钻孔，深孔爆破）→碎石原料运输（3 m^3 挖掘机装20 t自卸车运输2 km）→机制碎石（鄂式破碎机和圆锥式破碎机破碎，振动筛筛洗）→球（棒）磨机制砂→成品骨料运输（3 m^3 装载机装20 t自卸车运输5 km）。

试计算该工程人工骨料单价。

已知条件：混凝土骨料加工厂生产能力200 t/h；

砂石料密度，碎石原料1.76 t/m^3，成品碎石1.45 t/m^3，成品砂1.50 t/m^3；

岩石级别X类，此例题暂不考虑覆盖层清除量。

解：根据题意，由《水利建筑工程概算定额》选择编号：碎石原料开采60099，碎石原料运输60237，机制碎石60144，机制砂60145，成品骨料运输60336。

由《水利建筑工程概算定额》查得：碎石加工系数1.11，砂加工系数1.41。

各工序单价为：碎石原料开采16.61元/m^3，碎石原料运输14.48元/m^3，机制碎石9.68元/t，机制砂31.71元/t，成品骨料运输15.59元/m^3。

计算结果：砂石料价格为，人工制碎石58.06元/m^3，人工制砂100.52元/m^3。

人工砂石料单价计算详见表4-5。

表 4-5　人工砂石料单价计算

序号	项目名称	定额编号	工序单价			加工系数	复价(元/t)	折算(元/m^3)
			元/m^3	密度(t/m^3)	元/t			
1	人工制碎石			1.45			40.04	58.06
	碎石原料开采	60099	16.61	1.76	9.44	1.11	10.48	
	碎石原料运输	60237	14.48	1.76	8.23	1.11	9.13	
	机制碎石	60144			9.68		9.68	
	成品骨料运输	60336	15.59	1.45	10.75		10.75	
2	人工制砂			1.50			67.01	100.52
	碎石原料开采	60099	16.61	1.76	9.44	1.41	13.31	
	碎石原料运输	60237	14.48	1.76	8.23	1.41	11.60	
	机制砂	60145			31.71		31.71	
	成品骨料运输	60336	15.59	1.50	10.39		10.39	

第四节　主要材料预算价格

材料费用是工程投资的主要组成部分,所占比重较大,在建筑安装工程投资中所占比重一般在 30% 以上。材料预算价格计算的准确与否,对于准确预测工程投资起着重要作用。水利工程使用的建筑材料品种繁多,规格各异,按其对工程投资影响的程度,划分为主要材料和次要材料。主要建筑材料简称主材,对于水利工程主要指水泥、钢材、油料、木材、火工产品、电缆及母线等。碾压混凝土坝的粉煤灰、沥青混凝土坝的沥青也可作为主要材料,而对于石方开挖量很小的工程,则不需要编制火工产品预算价格。下面主要以水泥、钢材、油料三大主材为例进行分析。

一、主材特性及使用范围

（一）水泥

水泥是重要的建筑材料，为粉状水硬性无机胶凝材料。水泥按其用途及性能分为：①通用水泥，一般土木建筑工程通常采用的水泥；②专用水泥，专门用途的水泥；③特性水泥，某种性能比较突出的水泥。

国标《通用硅酸盐水泥》（GB 175—2007）规定的六大类水泥为硅酸盐水泥、普通硅酸盐水泥、矿渣硅酸盐水泥、火山灰质硅酸盐水泥、粉煤灰硅酸盐水泥和复合硅酸盐水泥。通用硅酸盐水泥强度等级划分如下：

硅酸盐水泥分为42.5、42.5R、52.5、52.5R、62.5、62.5R六个等级；

普通硅酸盐水泥分为42.5、42.5R、52.5、52.5R四个等级；

矿渣硅酸盐水泥、火山灰质硅酸盐水泥、粉煤灰硅酸盐水泥和复合硅酸盐水泥分为32.5、32.5R、42.5、42.5R、52.5、52.5R六个等级。

水泥的选用应根据工程项目的特点、工程区环境条件以及水泥的特性进行选择。例如：对于一般土建地面工程和气候干热地区应优先选用普通硅酸盐水泥；大体积混凝土工程优先选用矿渣硅酸盐水泥；地下（水中）工程优先选用火山灰质硅酸盐水泥和矿渣硅酸盐水泥；受含硫酸盐类溶液侵蚀的工程，优先选用火山灰质硅酸盐水泥等。

（二）钢材

建筑工程中使用的各种钢材主要指钢筋混凝土中的钢筋、钢丝，钢结构中的板材、管材及型材等。其中，钢筋在建筑工程中使用量最大，常用的有热轧钢筋、冷加工钢筋以及钢丝、钢绞线等。

（三）油料

水利工程使用的油料主要指工程机械、运输机械等设备所需的燃料，即汽油和柴油。

工程对于汽油质量的要求是应具有良好的蒸发性、燃烧性和安定性。汽油的选用，要根据工程所在地区海拔、汽车型号等数据进行选择。

柴油是水利工程中用量最大的石油产品,通常施工机械及运输设备采用轻柴油,少量采用重柴油。柴油代表规格由工程所在地区的气温条件确定。

二、材料预算价格

材料预算价格是指工地分仓库(或工地堆料场)的材料出库价格。一般由材料原价、包装费、运杂费、采购及保管费和运输保险费组成。计算公式如下:

材料预算价格 =(材料原价 + 包装费 + 运杂费)×
(1 + 采购及保管费费率)+ 运输保险费

材料原价是指工程所在地区内就近规模较大的物资供应公司、材料交易中心的市场成交价,设计选定的生产厂家的出厂价以及公开的价格信息等。

包装费是指为了便于运输和保护材料而进行包装所需的费用。一般材料的包装费已包括在材料原价中,不再单独计算。若材料原价中不含包装费,则应另计包装费。材料包装费按工程所在地区的实际资料及有关规定计算。

运杂费是指材料交货地点至工地分仓库(或材料堆料场)所发生的运费、调车费、装卸费及其他杂费等,而从工地分仓库到各施工点的材料运杂费用已包含在定额内,不再计入。

材料的运输方式主要有铁路运输、公路运输和水路运输。铁路运输的运杂费按铁道部现行《铁路货物运价规则》及有关规定计算,公路运输及水路运输的运杂费按工程所在地区交通部门现行规定计算。

采购及保管费是指材料在采购和保管过程中所发生的各项费用,包括采购和保管部门工作人员的基本工资、辅助工资、工资附加费、教育经费、办公费、差旅交通费、工具用具使用费,仓库转运站等设施的检修费、固定资产折旧费、技术安全措施费和材料检验费以及材料在运输、保管过程中发生的损耗费等。

水利工程的采购及保管费按材料运到工地仓库价格(不含运输保险费)的3%计算。

运输保险费是指材料在运输中发生的保险费。按工程所在地区保险公司的有关规定计算。

运输保险费 = 材料原价 × 材料运输保险费费率

【例4-4】 某枢纽工程钢筋原价为3 900元/t,由供货地点运至工地分仓库的运杂费为28元/t,采购及保管费费率为3%,材料运输保险费费率为0.06%,无包装费。试计算钢筋预算价格。

解: 钢筋预算价格 =(材料原价 + 包装费 + 运杂费)×(1 + 采购及保管费费率)+(材料原价 × 材料运输保险费费率)=(3 900 + 28)×(1 + 3%)+(3 900 × 0.06%)= 4 048.18(元/t)

第五节 混凝土、砂浆单价

混凝土及砂浆单价是指按混凝土及砂浆设计强度等级、级配及施工配合比配制每立方米混凝土、砂浆的费用之和,即水泥、砂、石、水、掺合料及外加剂等各种材料的费用之和,但不包括混凝土、砂浆的拌制、运输和浇筑等工序的费用。

一、混凝土、砂浆基本概念

混凝土是由胶凝材料、粗细骨料、水及其他外加剂按照适量的比例配制而成的人工石材。在土木工程中,应用最广泛的是普通混凝土,其特点为原材料丰富、成本低、可塑性好、强度高、耐久性好,但自重大,属脆性材料。

混凝土的分类如下:

(1)按胶凝材料分为水泥混凝土、沥青混凝土、石膏混凝土、聚合物混凝土等;

(2)按表观密度分为特重混凝土、普通混凝土、轻混凝土等;

(3)按用途分为结构用混凝土、道路混凝土、特种混凝土、耐热混凝土、耐酸混凝土等;

(4)其他混凝土有大体积混凝土,泵送混凝土,纤维混凝土(玻璃纤维、矿棉、钢纤维、碳纤维)等。

混凝土配合比是指混凝土中各组成材料之间的比例关系。混凝土配合比通常用每立方米混凝土中各种材料的质量来表示,或以各种材料用料量的比例表示。设计混凝土配合比时,要在满足混凝土设计的强度等级、施工要求的和易性、使用要求的耐久性的前提下,节约水泥用量以降低混凝土成本。

混凝土水灰比指的是拌制水泥浆、砂浆、混凝土时所用的水和水泥的质量之比。水灰比影响混凝土的流变性能、水泥浆凝聚结构以及硬化后的密实度。因而在组成材料给定的情况下,水灰比是决定混凝土强度、耐久性和其他一系列物理力学性能的主要参数。

砂浆是由胶凝材料、细骨料和水等材料按适当比例配制而成的。砂浆与混凝土的区别在于不含粗骨料,可认为砂浆是混凝土的一种特例,也可称为细骨料混凝土。

砂浆常用的胶凝材料有水泥、石灰、石膏。按胶凝材料不同砂浆又可分为水泥砂浆、石灰砂浆和混合砂浆。混合砂浆有水泥石灰砂浆、水泥黏土砂浆和石灰黏土砂浆等。水利工程中常用的为砌筑砂浆(用于砖石砌体的砂浆)和接缝砂浆(用于填缝注浆)。

二、强度等级及换算

混凝土强度等级划分:纯混凝土和掺外加剂混凝土为C10、C15、C20、C25、C30、C35、C40、C45,掺粉煤灰混凝土为C10、C15、C20,泵用纯混凝土和泵用掺外加剂混凝土为C15、C20、C25。

上述混凝土强度等级均以28 d龄期用标准试验方法测得的具有95%保证率的抗压强度标准值确定,若设计龄期超过28 d,按下列系数换算,见表4-6。

表4-6 混凝土设计龄期与强度等级换算系数

设计龄期(d)	28	60	90	180
强度等级换算系数	1.00	0.83	0.77	0.71

混凝土配合比是按卵石、粗砂制定的,若设计中采用碎石或中、细

砂,按下列系数换算,见表4-7。

表4-7　骨料种类、粒度换算系数

项目	水泥	砂	石子	水
卵石换为碎石	1.10	1.10	1.06	1.10
粗砂换为中砂	1.07	0.98	0.98	1.07
粗砂换为细砂	1.10	0.96	0.97	1.10
粗砂换为特细砂	1.16	0.90	0.95	1.16

设计中选用混凝土有抗渗抗冻要求时,按表4-8所示的水灰比选用混凝土强度等级。

表4-8　抗渗抗冻混凝土强度等级

抗渗等级	一般水灰比	抗冻等级	一般水灰比
W4	0.60~0.65	F50	<0.58
W6	0.55~0.60	F100	<0.55
W8	0.50~0.55	F150	<0.52
W12	<0.5	F200	<0.50
		F300	<0.45

砂浆强度等级划分为M3、M5、M7.5、M10、M12.5、M15、M20、M25、M30、M35、M40。常用的砌筑砂浆强度等级划分为M5、M7.5、M10、M12.5、M15、M20、M25、M30、M40,接缝砂浆为M10、M15、M20、M25、M30、M35、M40。

三、混凝土、砂浆材料单价计算

混凝土、砂浆材料单价是指配制每立方米混凝土或砂浆需要的水泥、砂、石、水、掺合料以及外加剂等各种材料的费用之和。水利工程混凝土材料费用,包括材料运至拌和楼(站)进料仓为止的场内运输及操作损耗等发生的费用。对于混凝土的拌制、搅拌后的运输、浇筑以及各项损耗及超填量等发生的费用另外计算。纯混凝土材料单价计算公式如下：

纯混凝土材料单价 = $\sum$(配合比中各种材料用量×各材料单价)

下面以掺粉煤灰混凝土为例,分析确定材料用量的调整。

粉煤灰对混凝土性能的影响:改善混凝土的和易性并减少混凝土的泌水率,防止离析;使混凝土的早期强度和后期强度均有所提高,并能提高混凝土的密实性及抗渗性,改善混凝土的抗化学侵蚀性;能减少混凝土的水化热,防止大体积混凝土开裂,降低大坝施工期内的温控费用。

计算掺粉煤灰混凝土配合比的方法主要有等量取代法、超量取代法和外加法等多种。其中,简化的方法为超量取代法(或称为超量系数法),具体计算方法为:以纯混凝土配合比作为基础,根据粉煤灰取代水泥百分率(f)、粉煤灰取代系数(k),计算掺粉煤灰混凝土水泥用量(C)和粉煤灰掺量(F);根据与纯混凝土容重相等原则,求砂(S)、石(G)用量;按占水泥用量的百分率求外加剂用量(Y)。

超量取代法的基本公式如下：

掺粉煤灰混凝土水泥用量　　$C = C_0 \times (1 - f)$

粉煤灰取代水泥百分率　　$f(\%) = [(C_0 - C) \div C_0] \times 100\%$

粉煤灰掺量　　$F = k \times (C_0 - C)$

以上各式中纯混凝土材料用量表示为:水泥 C_0、砂 S_0、石 G_0、水 W_0。

粉煤灰取代水泥百分率(f)参考表4-9,粉煤灰取代系数 k 值见表4-10。

表4-9　粉煤灰取代水泥百分率参考

混凝土强度等级	粉煤灰取代水泥百分率 f	
	普通硅酸盐水泥	矿渣硅酸盐水泥
≤C15	25%	20%
C20	15%	10%
C25～C30	20%	15%

表 4-10　粉煤灰取代系数 k 值

粉煤灰级别	Ⅰ级	Ⅱ级	Ⅲ级
取代系数 k	1.0~1.4	1.2~1.7	1.5~2.0

超量取代法计算的掺粉煤灰混凝土的灰重(水泥和粉煤灰总重)较纯混凝土的灰重多,增加的灰重 $\Delta C = C + F - C_0$,根据与纯混凝土容重相等原则,砂、石总质量相应减少 ΔC,按含砂率不变的原则,则砂重、石重的计算式为:

掺粉煤灰混凝土砂重　$S \approx S_0 - \Delta C \times [S_0 \div (S_0 + G_0)]$

掺粉煤灰混凝土石重　$G \approx G_0 - \Delta C \times [G_0 \div (S_0 + G_0)]$

由于增加的灰重 ΔC 代替了混凝土中细骨料砂,所以可将增加的灰重全部从砂的质量中减去,石重不变,则上述公式可简化为:

掺粉煤灰混凝土砂重　$S \approx S_0 - \Delta C$

掺粉煤灰混凝土石重　$G \approx G_0$

掺粉煤灰混凝土用水量、外加剂用量公式如下:

掺粉煤灰混凝土用水量　$W = W_0$

掺粉煤灰混凝土外加剂用量　$Y = C \times (0.2\% \sim 0.3\%)$

第六节　施工机械台时费

水利工程施工机械通常分为土石方机械、混凝土机械、运输机械、起重机械、砂石料加工机械、钻孔灌浆机械、工程船舶和其他机械等。

施工机械台时费是指一台施工机械在正常工作 1 h 时间内发生的各项费用之和,由两类费用组成:一类费用包括折旧费、修理及替换设备费(含大修理费、经常性修理费)和安装拆卸费,二类费用包括机上人工费,动力、燃料费或消耗材料费。

一、一类费用计算

(一)折旧费

折旧费是指机械在寿命期内回收原值的台时折旧摊销费用。折旧费的计算方法主要有平均年限法、工作量法、双倍余额递减法及年数总和法，后两种属加速折旧法。通常采用平均年限法，其计算公式如下：

基本折旧费 = 机械预算价格 ×(1 - 机械残值率) ÷ 机械经济寿命台时

机械预算价格分别指国产机械、国产车辆、进口机械、进口车辆等预算价格。

机械预算价格 = 机械原价 ×(1 + 运杂费费率)

机械经济寿命台时 = 经济使用年限 × 年工作台时

机械残值即机械报废后回收的价值，一般按机械预算价格的 4% ~ 5% 计算。

运杂费一般按机械原价的 5% ~7% 计算。

(二)修理及替换设备费

修理及替换设备费是指机械使用过程中，为了使机械保持正常功能而进行修理所需的费用，日常保养所需的润滑油料费、擦拭用品费、机械保管费以及替换设备、随机使用的工具附具等所需的台时摊销费用。其包括大修理费、经常性修理费、替换设备费、润滑材料及擦拭材料费和保管费。

大修理费是指为了使机械保持正常功能而进行大修理所需要的摊销费用。其计算公式如下：

大修理费 = 一次大修费 × 大修次数 ÷ 经济寿命台时

大修次数 = 经济寿命台时 ÷ 大修间隔台时 - 1

经常性修理费是指机械中修(在大修间隔台时内)及各级定期保养的费用。

经常性修理费 = [一次中修费 × 中修次数 + Σ(各级保养费 × 各级保养次数)] ÷ 大修间隔台时

替换设备费是指机械正常运转时耗用的设备用品及随机使用的工具、附件等费用。

替换设备费 = Σ(替换设备耗量 × 替换设备单价 ÷ 替换设备寿命台时)

润滑材料及擦拭材料费是指机械进行正常运转及日常保养所需的润滑油料、擦拭用品的费用。

润滑材料及擦拭材料费 = Σ(润滑材料及擦拭材料台时耗量 × 相应单价)

（三）安装拆卸费

安装拆卸费是指机械进出工地的安装、拆卸、试运转和场内转移及其辅助设施的摊销费用。其主要包括安装前的准备、运至安装点的运输、设备安装、调试、拆除清理、基础开挖、固定锚桩、安装平台、脚手架以及管理等费用。

安装拆卸费不包括机械设备安装时由于地形条件造成的大量土石方开挖、砌石及混凝土浇筑等费用。水利工程中一般大型机械的台时费不含安装拆卸费，例如混凝土搅拌站、混凝土拌和楼、缆索起重机以及门座式起重机等。上述费用虽与大型机械安装有关，但由于费用数额较大，且需要根据地形条件、施工布置型式等情况进行单独计算，具有不确定性，因此列入其他施工临时工程费用内。其计算公式如下：

安装拆卸费 = 一次安装拆卸费 × 年均安装拆卸次数 ÷ 年工作台时

修理及替换设备费和安装拆卸费的简单计算方法，可采用“占折旧费比例法”，即利用已有设备的特征指标（容量、吨位、动力等），将类似设备的修理及替换设备费、安装拆卸费与其折旧费的比例，乘以调整系数0.8～0.95，计算同类型所求设备的修理及替换设备费和安装拆卸费。

二、二类费用计算

（一）机上人工费

机上人工是指机械使用时机上操作人员的工时消耗。机械使用时间包括机械运转时间，辅助时间，用餐、交接班以及必要的机械正常中断时间。台时费中人工费按中级工计算。机械台时人工配置数量，按三班作业制定，还要考虑机械性能、操作需要等特点。通常配备原则为：定额中已计列操作工的，台时费中不再计列，如风钻、振捣器、羊足碾等；三班作业可配1～2人；中小型机械原则配1人，大型机械一般配2人，特大型机械应按实际需要配备。其计算公式如下：

机上人工费 = 人工工时数 × 人工工时预算单价

（二）动力、燃料费

施工机械台时费计算中的动力、燃料费，主要是指机械正常运转所需的汽油、柴油、电、风、水、煤等的消耗费用。

燃料小时消耗量　　　　$Q = N \times t \times G \times k$

式中：N 为发动机额定功率，kW；t 为机械工作小时数，取 1 h；G 为单位耗油量，g/kWh；k 为发动机台时燃料消耗综合系数。

电力小时消耗量　　　　$Q = N \times t \times k$

式中：N 为电动机额定功率，kW；t 为设备工作小时数，取 1 h；k 为电动机台时电力消耗综合系数。

第五章　工程单价

工程单价是指以价格形式表示的完成单位工程量所耗用的总费用。其由“量、价、费”三要素组成,“量”指的是完成单位工程量所需的人工、材料、机械数量,一般按规定取量;“价”指的是人工、材料、机械对应的基础单价,即通过上述各项计算取得的人工、材料、机械单价;“费”指的是按规范规定计入的其他直接费、现场经费、间接费、企业利润和税金。工程单价是编制水利水电建筑安装工程投资的基础,直接影响工程总投资的准确性。在施工方法或工艺确定后,由《水利建筑工程预算定额》、《水利工程概算定额》查得人工、材料、机械台时消耗量,并乘以各自预算单价求得直接费,直接费计取相关费率后即得建筑、安装工程单价。

第一节　建筑工程单价的内容

一、建筑工程单价计算公式

建筑工程单价 = 直接工程费 + 间接费 + 企业利润 + 税金

直接工程费 = 直接费(人工费、材料费、机械使用费) + 其他直接费 + 现场经费

人工费 = 定额劳动量 × 人工预算单价

材料费 = 定额材料用量 × 材料预算价格

零星材料费 = 人工费与机械使用费之和 × 零星材料费费率

其他材料费 = 主要材料费之和 × 其他材料费费率

机械使用费 = 定额机械使用量 × 施工机械台时费

其他机械使用费 = 主要机械使用费之和 × 其他机械使用费费率

其他直接费 = 直接费 × 其他直接费费率

现场经费 = 直接费 × 现场经费费率

间接费 = 直接工程费 × 间接费费率

企业利润 =（直接工程费 + 间接费）× 企业利润率

税金 =（直接工程费 + 间接费 + 企业利润）× 税率

二、各项费用内容及计算标准

（一）直接费

直接费包括人工费、材料费、机械使用费。

（二）其他直接费

其他直接费包括冬雨季施工增加费、夜间施工增加费、特殊地区施工增加费和其他费用。

冬雨季施工增加费是指在冬雨季施工期间为保证工程质量和安全生产所需增加的费用。其包括增加施工工序，增设防雨、保温、排水等设施增耗的动力、燃料、材料以及因人工、机械效率降低而增加的费用。

冬雨季施工增加费根据不同地区，按直接费的百分率计算，标准如下：

西南、中南、华东区	0.5% ~1.0%
华北区	1.0% ~2.5%
西北、东北区	2.5% ~4.0%

夜间施工增加费是指施工场地和公用施工道路的照明费用。按直接费的百分率计算，其中建筑工程为 0.5%，安装工程为 0.7%。

特殊地区施工增加费是指在高海拔和原始森林等特殊地区施工而增加的费用，其中高海拔地区的高程增加费直接进入定额，其他特殊增加费（如酷热、风沙等）按工程所在地区规定的标准计算。

其他费用包括施工工具用具使用、检验试验、工程定位复测、工程点交、竣工场地清理、工程项目及设备仪表移交生产前的维护观察等费用。按直接费的百分率计算，其中建筑工程为 1.0%，安装工程为 1.5%。

（三）现场经费

现场经费内容包括临时设施费和现场管理费。

临时设施费是指施工企业为进行建筑安装工程施工所必需的但又

未被划入施工临时工程的临时建筑物、构筑物和各种临时设施的建设、维修、拆除、摊销等费用。

现场管理费包括现场管理人员的工资、办公费、差旅交通费、固定资产使用费、工具用具使用费和保险费等。

根据工程性质不同,现场经费标准分为枢纽工程、引水工程及河道工程两部分,现场经费费率见表5-1。

表5-1　现场经费费率　(%)

序号	工程类别	计算基础	枢纽工程			引水工程及河道工程		
一	建筑工程		合计	临时设施费	现场管理费	合计	临时设施费	现场管理费
	土方工程	直接费	9	4	5	4	2	2
	石方工程	直接费	9	4	5	6	2	4
	砂石备料工程(自采)	直接费	2	0.5	1.5			
	模板工程	直接费	8	4	4	6	3	3
	混凝土浇筑工程	直接费	8	4	4	6	3	3
	钻孔灌浆及锚固工程	直接费	7	3	4	7	3	4
	其他工程	直接费	7	3	4	5	2	3
	疏浚工程	直接费				5	2	3
二	机电、金属结构设备安装工程	人工费	45	20	25	45	20	25

(四)间接费

间接费是指施工企业为建筑安装工程施工而进行组织与经营管理所发生的各项费用。由企业管理费、财务费用和其他费用组成。

企业管理费是指施工企业为组织施工生产经营活动所发生的费用。其包括管理人员的工资、办公费、差旅交通费、固定资产折旧修理费、工具用具使用费和保险费等。

财务费用是指施工企业为筹集资金而发生的各项费用。其包括企业经营期间发生的短期融资利息净支出、汇兑净损失及金融机构手续费等。

其他费用指企业定额测定费及施工企业进退场补贴费。

间接费费率见表5-2。

表5-2　间接费费率　（%）

序号	工程类别	计算基础	枢纽工程	引水及河道
一	建筑工程			
	土方工程	直接工程费	9(8)	4
	石方工程	直接工程费	9(8)	6
	砂石备料工程(自采)	直接工程费	6	
	模板工程	直接工程费	6	6
	混凝土浇筑工程	直接工程费	5	4
	钻孔灌浆及锚固工程	直接工程费	7	7
	其他工程	直接工程费	7	5
	疏浚工程	直接工程费		5
二	机电、金属结构设备安装工程	人工费	50	50

注:枢纽工程中,若土石方填筑等工程项目所利用原料为已计取现场经费、间接费、企业利润和税金的砂石料,则其间接费费率取括号中数值。

（五）企业利润及税金

企业利润是指按规定应计入建筑安装工程费中的利润。按直接工程费和间接费之和的7%计算。

税金是指国家对施工企业承担建筑安装工程作业收入所征收的营业税、城市维护建设税和教育费附加。

税率标准,建设项目在市区的为3.41%,建设项目在县城镇的为3.35%,建设项目在市区或县城镇以外的为3.22%。

第二节　建筑工程单价的编制

一、工程类别划分

土石方工程包括土石方开挖与填筑、砌石、抛石工程等;

砂石备料工程包括天然砂砾料和人工砂石料开采加工；

模板工程包括现浇各种混凝土时制作及安装的各类模板工程；

混凝土浇筑工程包括现浇和预制各种混凝土、钢筋制作安装、伸缩缝、止水、防水层、温控措施等；

钻孔灌浆及锚固工程包括各种类型的钻孔灌浆、防渗墙及锚杆（索）、喷浆（混凝土）工程等；

其他工程是指除上述工程以外的工程；

疏浚工程指用挖泥船、水力冲挖机组等机械疏浚江河、湖泊的工程。

二、编制工程单价注意事项

目前，国内水利工程造价规范主要有《水利工程设计概（估）算编制规定》、《水利建筑工程概算定额》、《水利建筑工程预算定额》以及各省相应的规定及定额等。在使用上述规范时，应注意：

（1）水利工程定额是按海拔小于或等于2 000 m地区的条件制定的。对于海拔大于2 000 m的地区，根据以下系数进行调整（见表5-3）。海拔应以拦河坝或水闸顶部的海拔为准。无拦河坝或水闸的工程，以厂房顶部海拔为准。一个工程项目只采用一个调整系数。

表5-3　高原地区定额调整系数

项目	海拔（m）					
	2 000 ~ 2 500	2 500 ~ 3 000	3 000 ~ 3 500	3 500 ~ 4 000	4 000 ~ 4 500	4 500 ~ 5 000
人工	1.10	1.15	1.20	1.25	1.30	1.35
机械	1.25	1.35	1.45	1.55	1.65	1.75

（2）定额的计量对于不同定额具有不同的含义，所包含的内容也不相同。

概算定额的计量，是按工程设计几何轮廓尺寸计算的，即由完成每一有效单位实体所消耗的人工、材料、机械数量定额组成。各种施工操作损耗、允许的超挖及超填量、合理的施工附加量、体积变化等已计入定额。

预算定额是按不含超挖及超填量制定的。

(3)土石方松实系数表示计量单位自然方、松方和实方三者体积之间的换算关系(见表5-4)。

表5-4　土石方松实系数换算

项目	自然方	松方	实方	码方
土方	1.0	1.33	0.85	
石方	1.0	1.53	1.31	
砂方	1.0	1.07	0.94	
混合料	1.0	1.19	0.88	
块石	1.0	1.75	1.43	1.67

注:1. 松实系数是指土石料体积的比例关系。

2. 块石实方指堆石坝坝体方,块石松方即块石堆方。

(4)根据水利工程场内运输施工道路的特点,汽车运输定额适用于运距10 km以内,运距超过10 km部分按增运1 km台时数量乘以0.75系数计算。

三、土方工程单价

土方工程包括土方开挖、运输和填筑工程。土方开挖、运输工程计量单位除注明者外,均为自然方;土方填筑工程计量单位为实方。各计量单位的含义为:自然方是指未经扰动的自然状态的土方,松方是指自然方经人工或机械开挖而松动过的土方,实方是指填筑(回填)并经过压实后的成品方。

土方工程施工方法主要有人工施工和机械施工两种,一般以机械施工为主。影响土方工程施工的因素有土类级别、设计尺寸、施工条件、机械选型等。土类级别越高、断面尺寸越小、施工条件越差,工效就越低,人工、材料、机消耗量越大。

土方工程施工机械,主要包括推土机、铲运机、挖掘机、装载机、载重汽车、自卸汽车、拖拉机、羊角碾、振动碾、轮胎碾等。

在计算某个综合土方工程单价时,若含有不同的计量单位,要根据《水利建筑工程概算定额》附录"土石方松实系数换算表"换算为统一的计量单位。

【例 5-1】 某水利枢纽工程拦河坝为黏土心墙坝,坝顶海拔 2 980 m;土方填筑土料自料场直接运输上坝,Ⅲ类土,3 m^3 装载机装土,20 t 自卸车运输,平均运距 5.0 km;土料压实采用 13.5 t 凸块振动碾。

求:该工程土方填筑工程概算单价。

已知条件:该工程设计干密度 1.70 t/m^3;

初级工人工预算单价 3.04 元/h;

费率,其他直接费费率 2.50%,现场经费费率 9.00%,间接费费率 9.00%,企业利润率 7.00%,税率 3.22%;

各机械台时费见表 5-5、表 5-6。

解:(1)根据题意,由《水利建筑工程概算定额》选取定额编号,土方挖运 10770(自然方),物料运输坝面施工干扰系数 1.02。

(2)该工程设计干密度 1.70 t/m^3,土料压实选取定额编号 30082(压实方),自然方与压实方综合换算系数 1.26,该综合换算系数包含土方松实换算系数、压实过程中所有损耗量以及坝面压实施工干扰因素。

(3)该工程位于海拔 2 500 ~ 3 000 m 的地区,应根据表 5-3,对定额的人工、机械数量进行调整,人工调整系数 1.15,机械调整系数 1.35。

经计算:土料挖装、运输单价为 29.97 元/m^3,见表 5-5;土料压实单价为 8.81 元/m^3,见表 5-6。

大坝土方填筑工程单价 $= 29.97 \times 1.02 \times 1.26 + 8.81 = 47.33$(元/$m^3$)

表 5-5　建筑工程单价　土料挖装、运输

定额编号:10770　　　　　　　　　　　　　　　　　定额单位:100 m^3

施工方法: 3 m^3 装载机挖装Ⅲ类土,20 t 自卸汽车运输,运距 5.0 km

编号	项目名称	数量	单价	合价(元)
一	直接工程费			2 489.50
(一)	直接费			2 232.73
1	人工费			12.59
	初级工	3.6×1.15=4.14(工时)	3.04 元/工时	12.59
2	材料费			65.03
	零星材料费	3.00%		65.03
3	机械使用费			2 155.11
	装载机 轮胎式 3 m^3	0.68×1.35=0.92(台时)	253.25 元/台时	232.99
	推土机 88 kW	0.34×1.35=0.46(台时)	153.50 元/台时	70.61
	自卸汽车 20 t	6.94×1.35=9.37(台时)	197.60 元/台时	1 851.51
(二)	其他直接费	2.50%		55.82
(三)	现场经费	9.00%		200.95
二	间接费	9.00%		224.06
三	企业利润	7.00%		189.95
四	税金	3.22%		93.49
	合计			2 997.00

表 5-6　建筑工程单价　土料压实

定额编号:30082　　　　　　　　　　　　　　　　定额单位:100 m^3

施工方法:土坝物料压实,自料场直接运输上坝,干容重 > 16.67 kN/m^3

编号	项目名称	数量	单价	合价(元)
一	直接工程费			732.05
(一)	直接费			656.55
1	人工费			80.11
	初级工	23.20 × 1.15 = 26.68(工时)	3.04 元/工时	80.11
2	材料费			59.69
	零星材料费	10.00%		59.69
3	机械使用费			516.75
	振动碾 凸块 13 ~ 14 t	1.08 × 1.35 = 1.46(台时)	230.56 元/台时	336.62
	推土机 74 kW	0.55 × 1.35 = 0.74(台时)	126.03 元/台时	93.26
	刨毛机	0.55 × 1.35 = 0.74(台时)	81.90 元/台时	60.61
	蛙式夯实机 2.8 kW	1.09 × 1.35 = 1.47(台时)	14.38 元/台时	21.14
	其他机械费	1.00%		5.12
(二)	其他直接费	2.50%		16.41
(三)	现场经费	9.00%		59.09
二	间接费	9.00%		65.88
三	企业利润	7.00%		55.86
四	税金	3.22%		27.49
	合计			881.28

四、石方工程单价

石方工程包括石方明挖、石方洞挖、石渣运输、石方填筑、抛石、砌石等。石方工程施工以机械施工为主，抛石、砌石以人工施工为主。下面以石方开挖为例进行分析。石方开挖工作内容主要有钻孔、爆破、撬移、解小、翻渣、清面、修整断面、安全处理、挖排水沟坑等，并且考虑了保护层开挖、预裂爆破、光面爆破。

现行规范中，《水利建筑工程概算定额》与《水利建筑工程预算定额》的区别：《水利建筑工程概算定额》包括施工技术规范规定的施工超挖量、超填量和施工附加量等；《水利建筑工程预算定额》则不含，需要单独计算。

保护层石方开挖是指在坝基、坝肩、消能坑等与岩基连接部分的石方开挖，设计上不允许破坏岩石结构，为了限制爆破对建基面的破坏，在建基面以上设置一定厚度的保护层，开挖时多采用浅孔小炮。

预裂爆破是指为了满足开挖面平整度的要求，需要在开挖面进行专门的爆破。

超挖量是指实际开挖断面大于设计开挖断面，超出设计开挖断面的工程量，这是由于岩石开挖的不规则性造成的。超挖工程量与设计开挖断面工程量的比值为超挖百分率，开挖断面越小，超挖百分率越大。

超填量是指对于超挖进行回填所发生的工程量。

施工附加量是指为满足施工需要而额外增加的工作量，例如为了运输、照明、放置设备而扩大断面所需增加的工程量。施工附加量与设计断面工程量的比值，称为施工附加量百分率，一般可取5%～10%。

影响石方工程施工的因素，主要有岩石级别、设计要求等，岩石级别越高，钻孔阻力越大，工效越低；设计要求的开挖断面形状越规则、断面越小，工效越低，爆破系数就越大，耗用爆破材料也越多。

洞井石方开挖定额中通风机台时数量按一个工作面长度400 m拟定。若工作面长度超过400 m，按表5-7的系数调整通风机台时定额量。

表 5-7　通风机调整系数

工作面长度（m）	系数	工作面长度（m）	系数	工作面长度（m）	系数
400	1.00	1 000	1.80	1 600	2.50
500	1.20	1 100	1.91	1 700	2.65
600	1.33	1 200	2.00	1 800	2.78
700	1.43	1 300	2.15	1 900	2.90
800	1.50	1 400	2.29	2 000	3.00
900	1.67	1 500	2.40		

石方工程施工机械主要有风钻、潜孔钻、液压履带钻、凿岩台车、掘进机、轴流通风机、挖装机械、运输机械以及压实机械等。

【例 5-2】　某工程发电洞长 1 000 m，开挖洞径 5.8 m，岩石级别为 X，采用二臂液压凿岩台车开挖，隧洞两端同时开挖；2 m^3 装载机装石渣，10 t 自卸汽车运输，洞外运输 1.0 km。

求：采用《水利建筑工程概算定额》计算发电洞石方开挖工程单价。

已知条件：人工预算单价，工长 7.11 元/h，高级工 6.61 元/h，中级工 5.62 元/h，初级工 3.04 元/h；

材料预算价格及施工机械台时费见表 5-8，计算工程单价的各项费率同例 5-1。

解：(1)根据题意，该隧洞施工具有两个工作面，一个工作面控制长度为 500 m，由表 5-7 查得通风机台时数量调整系数为 1.20。

(2)计算隧洞开挖断面为 26.41 m^2，采用二臂液压凿岩台车开挖，选取定额编号 20234(开挖断面≤30 m^2)，超挖系数 1.17。

(3)石渣运输定额露天与洞内的区分，按装载机装车地点确定；洞内运距为 250 m(一个工作面控制长度的 1/2)，定额中洞内 10 t 自卸车运距最小为 0.5 km，因此选取定额 20530 与 20531 外延计算，10 t 自卸车台时数量 $9.57 - (12.7 - 9.57) \div 2 = 8.01$；洞外运输选取露天增运定额20529,10 t自卸车台时数量为1.81,运输定额乘以超挖系数1.17。

(4)计算结果,发电洞石方开挖单价为121.20元/m^3,详见表5-8。

表5-8 建筑工程单价 发电洞石方开挖

定额编号:20234 + 20529 × 1.17 + (20530、20531) × 1.17　　　定额单位:100 m^3

施工方法:二臂液压凿岩台车(开挖断面≤30 m^2),岩石级别X类。2 m^3装载机挖装,10 t自卸汽车运输,洞内运距250 m,洞外运距1.0 km

编号	项目名称	数量	单价	合价(元)
一	直接工程费			10 067.75
(一)	直接费			9 029.38
1	人工费			1 327.47
	工长	9.40工时	7.11元/工时	66.83
	高级工	0	6.61元/工时	0
	中级工	103.60工时	5.62元/工时	582.23
	初级工	206.9 + 13.9 × 1.17 = 223.16(工时)	3.04元/工时	678.41
2	材料费			2 927.28
	炸药	153 kg	11.50元/kg	1 759.50
	非电毫秒雷管	118个	2.09元/个	246.62
	导爆管	792个	0.27元/个	213.84
	钻头 ϕ102 mm	0.01个	410.00元/个	4.10
	钻头 ϕ45 mm	0.61个	50.00元/个	30.50
	其他(零星)材料费	开挖定额其他材料费28%,运输定额(不含增运)零星材料费2%		672.72
3	机械使用费			4 774.63
	装载机 轮胎式2 m^3	2.62 × 1.17 = 3.07(台时)	193.71元/台时	594.69
	推土机88 kW	1.31 × 1.17 = 1.53(台时)	153.50元/台时	234.86

续表 5-8

编号	项目名称	数量	单价	合价（元）
	凿岩台车 液压二臂	2.97 台时	439.79 元/台时	1 306.18
	液压平台车	1.33 台时	164.57 元/台时	218.88
	自卸汽车 10 t	(8.01 +1.81) ×1.17 =11.49(台时)	127.28 元/台时	1 462.45
	轴流通风机 37 kW	19.27 ×1.20 =23.12(台时)	38.29 元/台时	885.26
	其他机械费	开挖机械费的 3%		72.31
(二)	其他直接费	2.50%		225.73
(三)	现场经费	9.00%		812.64
二	间接费	9.00%		906.10
三	企业利润	7.00%		768.17
四	税金	3.22%		378.09
	合计			12 120.11

五、混凝土工程单价

混凝土按施工工艺可分为现场浇筑和预制两大类，按胶凝材料可分为水泥混凝土、沥青混凝土和石膏混凝土，特种混凝土指耐磨混凝土、钢纤维混凝土、硅粉混凝土、铁矿石混凝土、高强混凝土、膨胀混凝土等。

现浇混凝土又可分为常态混凝土和碾压混凝土，其施工工艺为混凝土拌制、混凝土运输、混凝土浇筑等；预制混凝土施工工艺为混凝土拌制、混凝土运输、混凝土浇筑、预制件运输及安装。

地面建筑物混凝土浇筑主要是指大坝、泵站、水闸、船闸、溢洪道、渠道、地面厂房、渡槽等。地下混凝土浇筑主要是指平洞、竖井、地下厂房等建筑物。预制混凝土包括渡槽槽身、排架、预制板等。沥青混凝土主要是指沥青混凝土面板、沥青混凝土心墙、沥青混凝土涂层等。

（一）混凝土拌制

大型混凝土拌和系统的设备配置，一般为混凝土拌和楼、水泥输送系统、骨料输送系统、供水系统、外加剂供应系统、压缩空气系统、吸尘系统和电气系统等。

混凝土拌和楼主楼由进料层、配料层、搅拌层和出料层组成；水泥输送系统和骨料输送系统是指水泥和骨料进入拌和楼前与拌和楼相衔接所配备的有关机械设备；供水系统是指拌和楼内的配水管路及水箱；外加剂供应系统包括加气剂、减水剂等的供应装置；压缩空气系统通过电气信号控制各气阀启闭，使拌和楼自动完成各项操作；吸尘系统由吸入管、排出管、阀门、离心式通风机等组成；电气系统包括各种电控装置、电动机、开关柜等。

混凝土拌制定额以半成品方为计量单位，不包括干缩、运输、浇筑和超填等损耗的消耗量在内。

现行规范规定，混凝土拌制包括配料、加水、加外加剂、搅拌、出料、清洗及辅助工作。混凝土拌制为常态混凝土，对于加冰、加掺合料等其他混凝土，则按表5-9调整拌制时间。

表5-9　各类型混凝土拌制时间调整系数

拌和楼规格	混凝土类别			
	常态混凝土	加冰混凝土	加掺合料混凝土	碾压混凝土
1×2.0 m^3 强制式	1.00	1.20	1.00	1.00
2×2.5 m^3 强制式	1.00	1.17	1.00	1.00
2×1.0 m^3 自落式	1.00	1.00	1.10	1.30
2×1.5 m^3 自落式	1.00	1.00	1.10	1.30
3×1.5 m^3 自落式	1.00	1.00	1.10	1.30
2×3.0 m^3 自落式	1.00	1.00	1.10	1.30
4×3.0 m^3 自落式	1.00	1.00	1.10	1.30

(二)混凝土运输及浇筑

混凝土运输是指混凝土自拌和楼(站、机)出料口至浇筑现场工作面的全部水平运输和垂直运输。运输方法主要有人工运输、自卸汽车运输、混凝土搅拌车运输、胶带机运输、卷扬机和起重机运输、组合运输等。混凝土运输的方法应根据地形、建筑物高度、混凝土量的大小、浇筑强度等多方面因素确定,采用最经济方法,尽可能降低费用。工作内容包括装料、运输、卸料、空回、冲洗、清理及辅助工作。

混凝土运输定额以半成品方为计量单位,不包括干缩、运输、浇筑和超填等损耗的消耗量在内。

常态混凝土浇筑工序主要包括基础清理、施工缝处理、入仓、平仓、振捣、养护、凿毛等。其影响因素有仓面面积、分层厚度、施工条件等。仓面面积越小,效率越低,地下施工较地面施工效率低。

碾压混凝土的主要工序有刷毛、冲洗、清仓、铺水泥砂浆、混凝土配料、拌制、运输、平仓、碾压、切缝和养护等。

(三)混凝土工程单价

生产单位成品混凝土所需的人工费、材料费、机械使用费以及其他费用(利润、税金等)的总和构成混凝土工程单价。通常按拌制、运输、浇筑三部分进行分析计算。下面以现浇混凝土工程单价为例,介绍工程单价编制方法。

按照设计确定的混凝土强度等级、混凝土级配或者按照试验资料,确定混凝土配合比,从而计算混凝土材料费用。混凝土材料费按如下公式计算:

$$混凝土材料费 = \sum(材料预算量 \times 相应材料价格)$$

式中材料为水泥、砂、碎石或卵石、水。

配合比材料预算量中包括了配料、拌制时发生的损耗量。混凝土拌制中不再考虑。

根据施工组织设计确定的施工工艺和施工方法,确定混凝土拌和楼(站、机)的容量、混凝土水平运输和垂直运输的机械设备容量及型号、运输距离、分层浇筑厚度、分层面积等数据。选择对应的混凝土拌制、运输、浇筑定额,分别计算人工费、材料费、机械使用费,按规定取费计算工程单价。

混凝土浇筑费用包含地下工程施工照明用电费用,不包含混凝土的模板和温控费用,而预制混凝土费用则包含了模板费用。

混凝土材料定额中的"混凝土",在预算定额和概算定额中的含义是不同的。预算定额系指完成单位产品所需的混凝土半成品量,包含了冲(凿)毛、干缩、施工损耗及运输损耗等的消耗量在内;概算定额则是指完成单位产品所需的混凝土成品量,包含了干缩、运输、浇筑和超填等损耗的消耗量在内。二者区别为:一个是半成品量,一个是成品量;一个不含超填量,一个包含超填量。使用时应特别注意上述区别。

【例5-3】 某水利工程泄洪洞设计开挖直径12 m,混凝土衬砌厚度110 cm,混凝土强度等级C30,二级配;混凝土拌和楼(2×3.0 m^3)拌制混凝土;6 m^3 混凝土搅拌车运输,洞外运距1 km,洞内运距0.5 km;采用30 m^3/h 混凝土泵入仓。

求:泄洪洞混凝土衬砌工程概算单价。

已知条件:人工预算单价,工长7.11 元/h,高级工6.61 元/h,中级工5.62 元/h,初级工3.04 元/h;

施工水价0.73 元/m^3;

混凝土材料费210.98 元/m^3;

施工机械台时费见表5-10、表5-11、表5-12;

费率,其他直接费费率2.50%,现场经费费率8.00%,间接费费率5.00%,企业利润率7.00%,税率3.22%。

解:首先计算隧洞开挖断面;其次根据上述施工方法,选择混凝土拌制、运输单价的定额编号,为避免重复计算,混凝土拌制、运输单价计算到直接费,故称为子单价,计入混凝土衬砌工程单价中;最后根据隧洞开挖断面和混凝土衬砌厚度选择定额编号。

(1)隧洞设计开挖直径12 m,经计算开挖断面面积为113 m^2,衬砌厚度为110 cm,因此混凝土衬砌选择定额编号40045,混凝土超填系数为1.24。

(2)混凝土拌制选择定额编号40176,混凝土拌制子单价为9.59 元/m^3,见表5-10。

（3）混凝土运输洞外运距 1 km，选择定额编号 40217；洞内运距 0.5 km，选择增运定额编号 40220，乘以洞内作业难度系数 1.25。混凝土运输子单价为 31.33 元/m^3，见表 5-11。

（4）泄洪洞混凝土衬砌工程单价 452.08 元/m^3，见表 5-12。

表 5-10　建筑工程单价　混凝土拌制

定额编号：40176　　定额单位：100 m^3

编号	项目名称	数量	单价	合价（元）
（一）	直接费			959.45
1	人工费			79.15
	工长	0.90 工时	7.11 元/工时	6.40
	高级工	0.90 工时	6.61 元/工时	5.95
	中级工	6.80 工时	5.62 元/工时	38.22
	初级工	9.40 工时	3.04 元/工时	28.58
2	材料费			45.69
	零星材料费	5.00%		45.69
3	机械使用费			834.61
	混凝土拌和楼 2×3.0 m^3	1.24 台时	383.97 元/台时	476.12
	骨料系统	1.24 组时	213.05 元/组时	264.18
	水泥系统	1.24 组时	76.06 元/组时	94.31

表 5-11　建筑工程单价　混凝土运输

定额编号：40217、40220×1.25　　定额单位：100 m^3

编号	项目名称	数量	单价	合价（元）
（一）	直接费			3 133.41
1	人工费			105.02
	中级工	14.90 工时	5.62 元/工时	83.74
	初级工	7.00 工时	3.04 元/工时	21.28
2	材料费			55.98
	零星材料费	2.00%		55.98
3	机械使用费			2 972.41
	混凝土搅拌运输车 6 m^3	10.959 台时	271.23 元/台时	2 972.41

注：混凝土增运部分的费用不作为计算零星材料费的基础。

表 5-12　建筑工程单价　泄洪洞混凝土衬砌工程

定额编号:40045　　　　　　　　　　　　　　　　　定额单位:100 m^3

编号	项目名称	数量	单价	合价(元)
一	直接工程费			38 983.26
(一)	直接费			35 278.97
1	人工费			1 980.81
	工长	12.50 工时	7.11 元/工时	88.88
	高级工	20.90 工时	6.61 元/工时	138.15
	中级工	226.00 工时	5.62 元/工时	1 270.12
	初级工	159.10 工时	3.04 元/工时	483.66
2	材料费			26 315.07
	水	31.00 m^3	0.73 元/m^3	22.63
	混凝土 C30 二级配	124.00 m^3	210.98 元/m^3	26 161.52
	其他材料费	0.50%		130.92
3	机械使用费			1 909.01
	混凝土输送泵 30 m^3/h	8.38 台时	87.79 元/台时	735.68
	振捣器 插入式 1.1 kW	29.48 台时	2.17 元/台时	63.97
	风(砂)水枪 6 m^3/min	13.41 台时	78.58 元/台时	1 053.76
	其他机械费	3.00%		55.60
4	混凝土拌制	124.00 m^3	9.59 元/m^3	1 189.16
5	混凝土运输	124.00 m^3	31.33 元/m^3	3 884.92
(二)	其他直接费	2.50%		881.97
(三)	现场经费	8.00%		2 822.32
二	间接费	5.00%		1 949.16
三	企业利润	7.00%		2 865.27
四	税金	3.22%		1 410.29
	合计			45 207.98

六、混凝土温度控制费用

大体积混凝土浇筑后水泥产生水化热，温度迅速上升，且幅度较大，自然散热极其缓慢。为了防止混凝土出现裂缝，大体积混凝土工程的施工，都必须进行混凝土温度控制（简称温控）设计，提出温控标准和降温防裂措施。计算混凝土温控费用时，需要考虑的因素主要有不同工程区的气温条件、不同坝体结构的温控要求、特定施工条件及建筑材料的要求等。具体温控措施可采取冷风或冷水预冷骨料，加冰或加冷水拌制混凝土，对坝体混凝土进行一、二期通水冷却及表面保护等。

（一）温控费用计算原则

（1）月平均气温在 20 ℃以下。当混凝土拌和物的自然出机口温度能满足设计要求，不需采取特殊降温措施时，不计算温控措施费用。对个别气温较高时段，设计有降温要求时，可考虑采取加一定比例的冰或冷水拌制混凝土的措施，其量一般不超过占混凝土总量的 20%。

当设计要求的降温幅度为 5 ℃左右、混凝土浇筑温度约 18 ℃时，浇筑前需采取加冰或加冷水拌制混凝土的措施，其量一般不超过占混凝土总量的 35%；浇筑后尚须采取坝体预埋冷水管，对坝体混凝土进行一、二期通低温冷却水及表面保护等。

（2）月平均气温在 20 ~ 25 ℃。当设计要求降温幅度为 5 ~ 10 ℃时，浇筑前须采取风或水预冷大骨料、加冰或加冷水拌制混凝土等措施，其量一般不超过占混凝土总量的 40%；浇筑后须采取坝体预埋冷水管，对坝体混凝土进行一、二期通低温冷却水及表面保护等。当设计要求降温幅度大于 10 ℃时，除将风或水预冷大骨料改为风冷大、中骨料外，其余措施同上。

（3）月平均气温在 25 ℃以上。当设计要求降温幅度为 10 ~ 20 ℃时，浇筑前须采取风或水预冷大、中、小骨料，加冰或加冷水拌制混凝土等措施，其量一般不超过占混凝土总量的 50%；浇筑后必须采取坝体预埋冷却水管，对坝体混凝土进行一、二期通低温冷却水及表面保护等。

(二)计算温控费用基本参数

(1)工程所在区多年月平均气温、水温、设计要求的降温幅度、混凝土浇筑温度和坝体容许温差。

(2)拌制每立方米混凝土需加冰或加冷水的数量、时间,以及相应措施的混凝土数量。

(3)混凝土骨料预冷的方式,平均预冷每立方米骨料所需消耗冷风、冷水数量,温度与预冷时间,每立方米混凝土需预冷骨料的数量,需进行骨料预冷的混凝土数量。

(4)设计的稳定温度,坝体混凝土一、二期通水冷却的时间、数量及冷水温度。

(5)各制冷或冷冻系统的工艺流程,配置设备的名称、规格、型号和数量及制冷剂的消耗指标等。

(6)混凝土表面保护材料的品种、规格、保护方式及应摊入每立方米混凝土的保护材料数量。

(三)温控措施费用的计算

混凝土温控措施费用的计算主要包括单价计算和综合费用计算。

单价计算包括风或水预冷骨料,制片冰、冷水,坝体混凝土一、二期通低温水和坝体混凝土表面保护措施等。通常按各系统不同温控要求所配置设备的台时总费用除以相应系统的台时净产量计算。

综合费用可按每立方米坝体混凝土或大体积混凝土应摊销的温控费用计算。根据不同温控要求,按工程各种温控措施的混凝土量占坝体等大体积混凝土总量的比例乘以相应温控措施的单价计算。各种温控措施是指预冷骨料、加冰或加冷水拌制混凝土、坝体混凝土通水冷却、混凝土表面保护等。各种温控措施混凝土量占总量的比例,应根据施工进度、混凝土月平均浇筑强度、温控时段的长短等确定。

混凝土温控措施费用,亦可参照《水利建筑工程概算定额》附录“混凝土温控费用计算参考资料”确定。

七、沥青混凝土工程单价

沥青具有良好的黏结性、塑性和不透水性,且有加热后融化、冷却后黏性增大等特点,被广泛应用于建筑物防水、防潮、防渗、防腐等工程中。水利工程中,沥青常用于防水层、止水及坝体防渗等工程。

沥青混凝土是由粗骨料(碎石、卵石)、细骨料(砂)、填充物(矿粉)和沥青按适当比例配制而成的。

沥青混凝土按施工方法划分为碾(夯)压式沥青混凝土和灌注式沥青混凝土。

沥青混凝土按密实程度划分为开级配沥青混凝土和密级配沥青混凝土。开级配沥青混凝土,空隙率大于5%,含少量或不含矿粉,适用于防渗斜墙的整平胶结层和排水层。密级配沥青混凝土,空隙率小于5%,含一定量的矿粉,适用于防渗斜墙的防渗层沥青混凝土和岸边接头沥青混凝土。

沥青混凝土工程单价计算时,首先计算半成品单价,即组成沥青混凝土的各种材料的价格。配合比的各种材料用量一般按试验资料计算,如无试验资料,可参照《水利建筑工程概算定额》附录"沥青混凝土材料配合比表"确定。

沥青混凝土铺筑单价有心墙、面板和涂层等。沥青混凝土心墙铺筑内容包括配料、加温、拌和、铺筑、夯实及施工层铺筑前处理等工作。沥青混凝土面板铺筑内容包括配料、加温、拌制、摊铺、碾压、接缝加热等工作内容。

八、钢筋制作安装工程单价

钢筋是水利工程的主要建筑材料,水工建筑物钢筋按用途可分为受压钢筋、受拉钢筋、弯起钢筋、预应力筋、分布筋、箍筋、架立筋等。常用钢筋的直径通常为6~40 mm。钢筋一般须按设计图纸在加工厂内加工成型,然后运到施工现场绑扎安装。

(一)钢筋制作安装内容

钢筋制作安装包括加工、绑扎、焊接、场内运输及安装等工序。

钢筋加工工序包括钢筋调直、除锈、画线、切断、弯制等,通常采用人工和机械进行,机械主要有调直机、除锈机、切断机和弯曲机。

水利工程钢筋连接的主要方法为人工绑扎,通常采用18#~22#铅丝将加工后的钢筋按设计要求组成骨架。人工绑扎简单方便，不需机械和动力，但劳动量大，质量不易保证。因此，大型工程多采用焊接方法连接钢筋，不同部位采用不同的焊接方法，焊接钢筋骨架采用电弧焊，接长钢筋采用对焊，制作钢筋网采用点焊。

钢筋安装方法有散装法和整装法两种。散装法是将加工成型的散钢筋运到工地现场，再逐根绑扎或焊接；整装法是在钢筋加工厂内制作好钢筋骨架，再运至工地安装就位。水利工程因结构复杂，多采用散装法。

（二）单价计算

《水利建筑工程概算定额》"钢筋制作安装"一节，考虑了混凝土工程不同部位、钢筋规格型号及焊接方式等各种因素综合制定，以"t"为计量单位。概算定额钢筋用量已包括了加工损耗、搭接损耗和施工架立筋附加量。预算定额钢筋用量已包括了加工损耗，不包括搭接损耗和施工架立筋用量。

九、模板工程单价

模板用于支撑混凝土拌和物的重量和侧压力，使其按设计要求凝固成型。模板的制作、安装及拆除是混凝土浇筑施工中一道重要的工序，其耗用的人工和费用较多，对混凝土工程的质量、进度等影响较大。

（一）模板类型

模板，按材质分为木模板、钢模板、预制混凝土模板；按型式分为平面模板、曲面模板、异形模板、针梁模板、滑模和钢模台车；按安装性质分为固定模板和移动模板；按使用性质分为通用模板和专用模板。

各类模板的特点和用途：木模板周转次数少，成本高，易加工，多用于异形模板（如渐变段、厂房蜗壳及尾水管等）；钢模板周转次数多，成本低，应用广泛；预制混凝土模板不需拆模，与浇筑混凝土构成整体，成本较高，多用于廊道等特殊部位；固定模板每使用一次就拆除一次；移动模板与支撑结构构成整体，整体移动，如隧洞中常用的钢模台车、针梁模板，这种模板可大大节省安拆时间以及人工费、机械使用费，提高周转次数，故隧洞施工应用较多；滑模指的是边浇筑边移动的模板，其特点是进度快，质量高，整体性好，广泛应用于大坝和溢洪道的溢流面、竖井、闸门井等部位；通用模板制作成标准形状，经组合安装至浇筑仓面，是水利工程中最常用的一种模板；专用模板按需要制成后，不再改变形状，如钢模台车、滑模等。

（二）模板工程单价编制

模板工程单价包括模板及其支撑结构的制作、安装、拆除、场内运输及修理等全部工序的人工费、材料费和机械使用费。

模板制作与安装拆除定额，均以100 m^2 立模面积为计量单位。立模面积为混凝土与模板的接触面积，应根据设计图纸和混凝土浇筑分缝图计算。若无详细设计资料，可参考《水利建筑工程概算定额》附录9“水利工程混凝土建筑物立模面系数参考表”进行分析计算。立模面系数是指每单位混凝土所需的立模面积。

模板工程单价编制原则如下：

（1）模板材料均按预算消耗量计算，包括了制作、安装、拆除、维修的损耗和消耗，并考虑了周转和回收。

（2）模板定额中的材料，除模板本身外，还包括支撑模板的立柱、围令、桁（排）架及铁件等。对于悬空建筑物（如渡槽槽身）的模板，计算到支撑模板结构的承重梁为止。承重梁以下的支撑结构未包括在模板定额内。

（3）钢模台车、针梁模板和滑模台车，包括行走机构、构架、模板、支撑型钢以及电动机、卷扬机、千斤顶等动力设备，均作为整体设备，以工作台时计入定额。

应注意的是，滑模台车定额中的材料包括台车轨道及安装轨道所用的埋件、支架和铁件，但钢模台车、针梁模板台车定额中不含轨道及埋件。

（4）模板制作单价分为两种：一是企业自制，按模板制作定额计算（直接费）；二是外购模板，外购模板预算价格按下式计算：

模板预算价格 =（外购模板预算价格 − 残值）÷ 周转次数 × 综合系数

式中：残值为10%；周转次数为50次；综合系数为1.15（含露明系数及维修损耗系数）。

(5)模板工程单价计算时,将模板制作价格套入模板安装拆除定额材料费中,一起取费计算模板综合单价,但在计算“其他材料费”时,计算基数不包括模板本身的价值。

模板制作和安装拆除单价也可以分别取费计算,然后相加求得模板综合单价。

【例5-4】 某水利工程圆形隧洞开挖直径5.8 m,混凝土衬砌拟采用钢模板支护。

求:采用《水利建筑工程概算定额》,试计算该隧洞钢模板制作安拆工程综合单价。

已知条件:人工预算单价同例5-3;

各种材料预算价格及机械台时费见表5-13、表5-14;

各项费率,其他直接费费率2.50%,现场经费费率8.00%,间接费费率6.00%,企业利润率7.00%,税率3.22%。

解:(1)模板制作是模板安装工程中材料定额的内容之一,为避免后面重复计算,模板制作单价作为子单价仅计算直接费,计入到模板安装工程单价中。

(2)根据上述基本资料,隧洞直径≤6 m,钢模板制作选择《水利建筑工程概算定额》编号50086;模板制作子单价为28.98 元/m^2,见表5-13。

(3)模板安拆工程选择概算定额编号50026。

计算结果:模板制作安拆工程综合单价为115.77 元/m^2,见表5-14。

十、钻孔灌浆及锚固工程

水利工程钻孔灌浆及锚固工程包括帷幕灌浆、固结灌浆、回填灌浆、劈裂灌浆、高压喷射灌浆、接缝灌浆、地下混凝土防渗墙、灌注混凝土桩、振冲桩、喷锚支护等。

表 5-13　建筑工程单价　圆形隧洞模板制作(直径≤6 m)

定额编号:50086　　定额单位:100 m^2

编号	项目名称	数量	单价	合价(元)
一	直接工程费			
(一)	直接费			2 897.82
1	人工费			145.24
	工长	1.70 工时	7.11 元/工时	12.09
	高级工	4.00 工时	6.61 元/工时	26.44
	中级工	16.50 工时	5.62 元/工时	92.73
	初级工	4.60 工时	3.04 元/工时	13.98
2	材料费			2 573.90
	型钢	90.00 kg	5.00 元/kg	450.00
	组合钢模板	78.00 kg	5.50 元/kg	429.00
	卡扣件	26.00 kg	5.00 元/kg	130.00
	铁件	32.00 kg	5.00 元/kg	160.00
	电焊条	4.20 kg	6.10 元/kg	25.62
	锯材	0.80 m^3	1 661.01 元/m^3	1 328.81
	其他材料费	2.00%		50.47
3	机械使用费			178.68
	载重汽车 5 t	0.32 台时	74.90 元/台时	23.97
	电焊机 交流 25 kVA	4.97 台时	12.18 元/台时	60.53
	钢筋弯曲机	0.08 台时	14.27 元/台时	1.14
	钢筋切断机 20 kW	0.04 台时	24.06 元/台时	0.96
	型钢剪断机 13 kW	0.78 台时	30.16 元/台时	23.52
	型材弯曲机	1.74 台时	18.06 元/台时	31.42
	圆盘锯	0.77 台时	20.72 元/台时	15.95
	双面刨床	0.76 台时	16.68 元/台时	12.68
	其他机械费	5.00%		8.51

表 5-14 建筑工程单价 圆形隧洞模板安拆(直径≤6 m)

定额编号:50026 定额单位:100 m^2

编号	项目名称	数量	单价	合价(元)
一	直接工程费			9 888.56
(一)	直接费			8 948.93
1	人工费			3 260.23
	工长	28.30 工时	7.11 元/工时	201.21
	高级工	79.20 工时	6.61 元/工时	523.51
	中级工	445.10 工时	5.62 元/工时	2 501.46
	初级工	11.20 工时	3.04 元/工时	34.05
2	材料费			4 343.54
	组合钢模板	100.00 m^2	28.98 元/m^2	2 898.00
	铁件	249.00 kg	5.00 元/kg	1 245.00
	电焊条	2.00 kg	6.10 元/kg	12.20
	预制混凝土柱	0.40 m^3	400 元/m^3	160.00
	其他材料费(基数不含模板费)	2.00%		28.34
3	机械使用费			1 345.16
	汽车起重机 5 t	15.71 台时	79.95 元/台时	1 256.01
	电焊机 交流 25 kVA	2.06 台时	12.18 元/台时	25.09
	其他机械费	5.00%		64.06
(二)	其他直接费	2.50%		223.72
(三)	现场经费	8.00%		715.91
二	间接费	6.00%		593.31
三	企业利润	7.00%		733.73
四	税金	3.22%		361.14
	合计			11 576.74

(一)钻孔灌浆工程

1. 帷幕灌浆

灌浆是利用灌浆机施压,通过预先设置的钻孔或灌浆管,将浆液灌入岩石或土中,使其胶结成相对坚固、密实、透水性较小的整体。

帷幕灌浆主要用于防渗,适用于岩石、砂砾石地层。钻孔采用的机械主要有手风钻、回转钻钻机、冲击钻、复合钻(如冲击循环钻、潜孔钻)等。

帷幕灌浆施工,按浆液灌注和流动特点,分为纯压式和循环式灌浆两种;按灌浆顺序分为封孔灌浆、分段灌浆及综合灌浆;砂砾石地基帷幕灌浆分为打管法、跟管法、循环钻灌法和预埋花管法等。

定额将帷幕灌浆分为钻孔和灌浆两部分,均以单位延长米计。概算定额包括制浆、灌浆、封孔、孔位转移、检查孔钻孔和压水试验等内容;预算定额则不包括检查孔压水试验,需另计。

选择定额时要考虑岩石级别或地层级别、透水性,施工方法和条件,灌浆排数和灌浆长度,施工机械的类型等。

2. 固结灌浆

固结灌浆包括基础固结灌浆和隧洞固结灌浆,其目的是增加强度、改善变形特性,适用于围岩及岩石地基。

固结灌浆钻孔采用手风钻、地质钻钻机等机械。钻孔的孔径和深度为:

浅孔 ϕ32 ~ 50 mm,深度≤5 m;

中孔 ϕ50 ~ 65 mm,深度 5 ~ 15 m;

深孔 ϕ75 ~ 91 mm,深度≥15 m;

隧洞固结灌浆浅孔或预留孔时,直径不小于 50 mm。

定额表现形式:分为钻孔和灌浆,均以单位延长米计。概算定额包括灌浆前的压水试验和灌浆后的补浆,以及封孔灌浆等工作;预算定额中灌浆后的压水试验费用要另计。

3. 回填灌浆

回填灌浆主要用于增加岩体的整体性,适用于接触空隙和地下空洞。

回填灌浆的预留孔直径不小于50 mm。质量检查孔的数量不少于总孔数的5%。

定额分为隧洞回填灌浆和钢管道回填灌浆，以设计回填面积为计量单位。工作内容包括预埋管道、风钻通孔、制浆、灌浆、压浆试验、封孔、检查孔钻孔及灌浆、孔位转移等。

4. 坝体接缝灌浆

坝体接缝灌浆主要用于充填接触带缝隙，适用于混凝土坝体接触面、收缩缝。

预埋灌浆系统由进浆管、升浆管、配浆管、出浆盒、回浆管、排气槽、排气管以及止浆片组成。

接缝灌浆一般选择在混凝土干缩基本稳定、水库蓄水前的低温季节进行。将坝体缝面划分为若干个封闭灌区，每个灌区的高度以10～15 m为宜，面积以200～400 m^2 为宜。

定额按施工方法将接缝灌浆分为预埋铁管法和塑料拔管法，按接触面积计算，适用于混凝土坝体。

5. 劈裂灌浆

劈裂灌浆多用于土坝（堤）除险加固坝体的防渗处理。灌浆形成浆体防渗帷幕，调整坝（堤）体内部应力，堵塞洞穴，消除坝体隐患。

劈裂灌浆定额包括检查造孔、制浆、灌浆、观测、冒浆处理、记录、复灌、封孔、孔位转移、质量检查。按单位孔深干料灌入量不同而分类。

（二）防渗墙工程

防渗墙按材料分为水泥黏土防渗墙、素混凝土防渗墙、钢筋混凝土防渗墙等。

防渗墙造孔机械主要有CZ冲击钻机、冲击反循环钻机、抓斗式挖槽机、液压开槽机、射水成槽机等。

CZ冲击钻机适用于各种地层，操作简单，但工效低，泥浆不易回收。造孔深度以40 m为宜，最深不超过80 m，墙厚≤1.4 m。

冲击反循环钻机适用于砂壤土和粗、中、细砂及砂砾石、卵石、岩石地层。造孔深度可根据排渣能力确定，一般不超过80 m，钻孔工效高，便于泥浆循环使用和清孔。

抓斗式挖槽机适用于较松散地层,可以直接出渣,挖深一般不宜超过 30 m,工效随深度增加而显著降低,在含有多种粒径漂卵石的地层造孔困难。

液压开槽机适用于土质地基,多用于堤防工程,挖深一般不宜超过 40 m,墙厚 30 cm 以内,工效随深度增加而显著降低。

射水成槽机适用于土质地基,挖深一般不宜超过 20 m,墙厚 42 cm 以内。

防渗墙定额分为成槽和混凝土浇筑两部分。选择定额时需要注意概算定额和预算定额的计量单位是不同的。概算定额防渗墙成槽和混凝土浇筑均以单位阻水面积为单位;而预算定额成槽单位为折算米,混凝土浇筑为立方米。

(三)桩基工程

桩基工程包括混凝土灌注桩、混凝土预制桩、钢板桩、振冲桩以及高喷板桩等,适用地层为黏土、砂土、砂壤土及砂砾石。

1. 灌注桩

灌注桩的作用是提高地基承载力,其施工按钻孔方法分为人工挖孔、机械钻孔。常用的钻孔机械有正循环回转钻机、反循环回转钻机、冲击钻机、冲抓锤、水冲锤等。

灌注桩定额是按三管法施工编制的,分为造孔和灌注混凝土两部分;计量单位均为进尺。造孔定额包括固定孔位、准备、制浆、运送、固壁、钻孔、记录、孔位转移。灌注定额包括钢筋制作、焊接绑扎、吊装入孔、安装导管、水下混凝土配料、拌和、运输、灌注等。

2. 振冲桩

振冲桩的作用是振密、加固、排水。按填充材料分为碎石桩、水泥碎石桩、砂桩、水泥桩。其直径通常为 300 ~ 1 200 mm。

振冲桩定额按不同材质分为碎石桩和水泥碎石桩。碎石桩适用于软基处理,定额子目按地层类别和孔深划分;水泥碎石桩适用于砂砾石层,不同的孔深定额耗量不同。单位均以延长米计。其内容包括吊车移动、就位、桩径定位、安装振冲器、造孔、填料等。

3. 高压喷射灌浆

高压喷射灌浆适用于砂土、黏性土、淤泥等地基的加固。高压喷射灌浆的方法可分为单管法、二重管法和三重管法;按摆动的角度分为高压定喷、高压摆喷、高压旋喷。钻孔可采用旋转、射水、振动或捶击等多种方法进行。

高压喷射灌浆定额是以砂砾石层、三重管单喷嘴施工工艺进行编制的,包括造孔、灌浆两部分,以进尺为计量单位,按不同类别地层黏土、砂、砾石、卵石和漂石划分定额子目。若试验资料与定额材料耗量出入较大,可以对定额进行调整。

(四)锚固工程

锚固可分为锚桩、喷锚护坡和预应力锚固等。

锚桩适用于浅层具有明显滑移面的地基加固,结构型式有钢筋混凝土桩、型钢桩、钢棒桩等。

喷锚护坡适用于高边坡加固、隧洞入口边坡支护,其结构型式有锚杆加喷射混凝土、锚杆挂网加喷射混凝土。

预应力锚固是在外荷载作用前,针对建筑物可能滑移拉裂的破坏方向,预先施加主动压力,以提高建筑物的抗滑动和防裂能力,一般由锚头、锚束、锚根等组成。

锚杆定额分为地面和地下两类,以根为计量单位。按不同岩石级别划分子目,以锚杆长度和钢筋直径分项。

预应力锚束定额按作用分为黏结性和无黏结性,按施工对象分为岩体和混凝土,以束为单位。按施加预应力的等级分类,按锚束长度分项。

喷射混凝土定额分为地面护坡、平洞支护、斜井支护,以混凝土体积为单位。按喷射混凝土厚度不同分项。

(五)其他地基处理工程

其他地基处理工程包括锥探灌浆、减压井、抗滑桩、截水槽、夯实、预压、换土等。

锥探灌浆适用于堤防加固,为加强堤防稳定、防止出现管涌,对堤防空洞进行钻孔、灌注水泥砂浆。

减压井的作用主要是排水、降压。土坝或土堤采用水平铺盖防渗设施,下游要做相应的排水减压工程,以降低透水压力和提高允许渗透比降,防止管涌和流土等渗透破坏。工程措施主要有排水沟和减压井等。

抗滑桩的作用主要是防止地基滑动,危及建筑物稳定。

截水槽适用于较浅的透水地层,其作用主要是防渗。

夯实是对砂质黏性土地基进行强夯。

预压是对壤土、砂壤土地基进行预先填土施压。

换土是为了改善不良土质,其施工方法为挖除原土,更换优质土。

十一、疏浚工程

疏浚工程主要应用于河湖整治,内河航道疏浚,出海口门疏浚,湖、渠道、海边的开挖与清淤工程,施工机械以挖泥船应用最广。常用的机械式挖泥船有链斗式、抓斗式、铲扬式和反铲式;水力式挖泥船有绞吸式、斗轮式、耙吸式、射流式及冲吸式等,其中以绞吸式应用最广。

采用定额编制疏浚工程费用时,应注意以下几个问题:

(1)疏浚工程土类分级,按土类分级的前七级划分。水力冲挖机组土类划分为Ⅰ~Ⅳ类。

(2)计量单位均按水下自然方计算,其中概算定额包括了开挖过程中的超挖、回淤等因素,预算定额则不包括。

(3)人工是指从事辅助工作的用工,如对排泥管线的巡视、检修、维护等,不包括绞吸式挖泥船及吹泥船岸管的安装、拆移及排泥场的围堰填筑和维护用工。

(4)定额以基本排高、基本挖深的数据为基础,大于(或小于)基本排高和超过基本挖深时,人工及机械(含排泥管)定额数量乘以规定的调整系数。

第三节 安装工程单价

水利工程设备安装项目中的设备主要有水轮机、发电机、水泵、电动机、主阀、起重设备、水力机械辅助设备、电气设备(电缆及母线等),

升压变电设备中的变压器设备、高压电气设备等，公用设备中的通信设备、通风采暖设备、机修设备、计算机监控系统等。上述设备安装工程费用的基础工作是编制安装工程单价。

目前，安装工程单价的计算方法有两种形式：一是实物量形式，这种方法计算安装工程单价较准确，但计算相对烦琐；二是费率形式，即安装人工费、材料费、机械使用费按占设备原价的百分比计算，这种方法需要对人工费进行调整，其调整公式如下：

$$人工费调整系数=\frac{工程所在地区安装人工预算单价}{北京地区安装人工预算单价}$$

一、实物量形式

安装工程单价=直接工程费+间接费+企业利润+未计价装置性材料费+税金

直接工程费=直接费(人工费、材料费、机械使用费)+其他直接费+现场经费

人工费=定额劳动量×人工预算单价

材料费=定额材料用量×材料预算价格

机械使用费=定额机械使用量×施工机械台时费

其他直接费=直接费×其他直接费费率之和

现场经费=人工费×现场经费费率之和

间接费=人工费×间接费费率

企业利润=(直接工程费+间接费)×企业利润率

未计价装置性材料费=未计价装置性材料用量×材料预算单价

税金=(直接工程费+间接费+企业利润+未计价装置性材料费)×税率

二、费率形式

安装工程单价=直接工程费+间接费+企业利润+税金

直接工程费=直接费(人工费、材料费、装置性材料费、机械使用费)+其他直接费+现场经费

人工费=定额人工费×设备原价

材料费 = 定额材料费 × 设备原价

装置性材料费 = 定额装置性材料费 × 设备原价

机械使用费 = 定额机械使用费 × 设备原价

其他直接费 = 直接费 × 其他直接费费率之和

现场经费 = 人工费 × 现场经费费率之和

间接费 = 人工费 × 间接费费率

企业利润 =（直接工程费 + 间接费）× 企业利润率

税金 =（直接工程费 + 间接费 + 企业利润）× 税率

式中装置性材料属于直接性消耗材料，指本身属于材料，但又是被安装的对象，安装后构成工程实体的材料。未计价装置性材料主要指水力机械管道、电缆、接地装置、保护网、通风管、钢轨、滑触线和压力钢管等材料，计算时应按照设计提供的型号、规格和数量计算费用，并按定额规定加计操作损耗费用。

安装工程单价计算程序详见表5-15。

表5-15　安装工程单价计算程序

序号	名称及规格	计算方法	
		实物量形式	费率形式
(一)	直接工程费	(1)+(2)+(3)	(1)+(2)+(3)
(1)	直接费	①+②+④	①+②+③+④
①	人工费	∑定额劳动量×人工预算单价	定额人工费×设备原价
②	材料费	∑定额材料用量×材料预算单价	定额材料费×设备原价
③	装置性材料费		定额装置性材料费×设备原价
④	机械使用费	∑定额机械使用量×施工机械台时费	定额机械使用费×设备原价

续表 5-15

序号	名称及规格	计算方法	
		实物量形式	费率形式
(2)	其他直接费	(1)×其他直接费费率之和	(1)×其他直接费费率之和
(3)	现场经费	①×现场经费费率之和	①×现场经费费率之和
(二)	间接费	①×间接费费率	①×间接费费率
(三)	企业利润	[(一)+(二)]×企业利润率	[(一)+(二)]×企业利润率
(四)	未计价装置性材料费	Σ未计价装置性材料用量×材料预算单价	
(五)	税金	[(一)+(二)+(三)+(四)]×税率	[(一)+(二)+(三)]×税率
(六)	安装工程单价	(一)+(二)+(三)+(四)+(五)	(一)+(二)+(三)+(五)

第六章　设计概(估)算编制

第一节　初步设计概算

一、编制程序

(1)准备工作。熟悉并掌握目前现行规范、国家政策及其变动情况;收集并整理工程设计图纸、初步设计报告、工程枢纽布置、工程地质、水文地质、水文气象以及工程所在地区有关建筑材料、交通运输、价格信息等资料;熟悉施工组织设计内容,如场内外交通状况、施工方案、施工方法和施工进度等。

(2)工程项目划分。

(3)编制基础单价和工程单价。

(4)按分项工程计算工程量。

(5)根据工程量和工程单价,编制分项概算、总概算以及工程总概算(含移民环境投资)。

(6)编制分年度投资和资金流量表。

(7)编写说明,整理成果,打印成册。

二、概算内容

(一)编制说明

(1)工程概况。包括工程所在流域、河系、兴建地点、对外交通条件、工程规模、工程效益、工程布置型式、主体建筑工程量、主要材料用量、施工总工期、资金筹措方案以及投资比例等。

(2)投资主要指标。包括工程总投资和静态总投资、年度价格指数、基本预备费费率、建设期融资额度、利率和利息等。

(3)编制原则和依据。包括基础单价计算依据、设备价格计算依据、费用计算标准及依据、工程资金筹措方案等。

(4)概算中主要技术经济指标及其他应说明的问题。

(二)各类概算表格

概算表,包括总概算表、建筑工程概算表、机电设备及安装工程概算表、金属结构设备及安装工程概算表、施工临时工程概算表、独立费用概算表、分年度投资表和资金流量表。

概算附表,包括建筑工程单价汇总表、安装工程单价汇总表、主要材料预算价格汇总表、次要材料预算价格汇总表、施工机械台时费汇总表、主要工程量汇总表、主要材料用量汇总表、工时数量汇总表、建设及施工场地征用数量汇总表。

概算附件,包括人工预算单价计算表,主要材料运输费用计算表,主要材料预算价格计算表,施工用电、水、风价格计算书,砂石料单价计算书,建筑、安装工程单价表,独立费用计算书等。

第二节 建筑工程概算

建筑工程划分为主体建筑工程、交通工程、房屋建筑工程、外部供电线路工程和其他建筑工程。

一、主体建筑工程

主体建筑工程,对于枢纽建筑物包括挡水、泄洪、引水、发电厂、升压变电站、航运、鱼道工程;对于引水及河道工程则包括供水、灌溉渠(管)道、河湖整治与堤防工程、建筑物工程。

(1)主体建筑工程概算按设计工程量乘以工程单价进行编制。

(2)主体建筑工程量应根据《水利工程设计工程量计算规则》,按项目划分要求,计算到三级项目。

(3)当设计对混凝土施工有温度控制要求时,应根据温度控制设计,计算温度控制措施费用;按建筑物混凝土方量乘以温度控制指标单价进行计算。

(4)细部结构工程投资,参照“水工建筑物细部结构指标表”计算。

二、交通工程

交通工程指永久公路、铁路、桥梁和码头等工程。其投资按设计工程量乘以单价计算,也可以根据工程所在地区造价指标或有关实际资料,采用扩大单位指标编制。

三、房屋建筑工程

房屋建筑工程包括为生产运行服务的永久性辅助生产建筑、仓库、办公、生活及文化福利等房屋建筑和室外工程。

永久房屋建筑面积中,用于生产和管理办公的部分,由设计单位按有关规定,结合工程规模确定;用于生活、文化福利建筑工程的部分,在考虑国家现行房改政策的情况下,按主体建筑工程投资的百分率计算,详见表6-1。

表6-1　生活、文化福利建筑工程取费标准

工程分类	主体建筑工程投资(万元)	费率(%)
枢纽工程	投资≤50 000	1.5~2.0
	50 000 < 投资≤100 000	1.1~1.5
	投资 > 100 000	0.8~1.1
引水及河道工程		0.5~0.8

注:投资小或工程位置偏远者取大值,反之取小值。

室外工程是指办公、生活及文化福利建筑等区域内的道路、室外给排水、照明、挡土墙绿化等,一般按房屋建筑工程投资的10%~15%计算。

四、外部供电线路工程

外部供电线路工程根据设计的电压等级、线路架设长度及所需配备的变配电设施要求,采用工程所在地区造价指标或有关实际资料计算。

五、其他建筑工程

其他建筑工程包括内外部观测工程，照明线路，通信线路，厂坝（闸、泵站）区及生活区供水、供热、排水等公用设施工程，工程沿线或建筑物周围环境建设工程，水情自动测报工程及其他。

内外部观测工程按建筑工程属性处理，其投资应按设计资料计算。如无设计资料，可根据坝型或其他工程型式，按照主体建筑工程投资的百分率计算。内外部观测工程取费标准见表6-2。

表6-2　内外部观测工程取费标准

分类	当地材料坝	混凝土坝	引水式电站、建筑物	堤防工程
费率（%）	0.9～1.1	1.1～1.3	1.1～1.3	0.2～0.3

动力线路、照明线路、通信线路等工程投资按设计工程量乘以单价或采用扩大单位指标编制，其余各项按设计要求分析计算。

第三节　机电设备及安装工程概算

机电设备及安装工程包括发电、升压变电、公用、泵站、小水电站等的设备及安装工程。其投资由设备费和安装工程费两部分组成。

一、设备费

设备费包括设备原价、运杂费、运输保险费和采购及保管费等。

（一）设备原价

国产设备原价是指出厂价，非定型和非标准产品，采用与厂家签订的合同价或询价。进口设备以到岸价和进口征收的税金、手续费、商检费及港口费等各项费用之和为设备原价。到岸价采用与厂家签订的合同价或询价计算，税金和手续费等按规定计算。大型机组拆卸分装运至工地后的拼装费用，应包括在设备原价内。可行性研究阶段和初步设计阶段，非定型和非标准产品，一般不可能与厂家签订价格合同，可按厂家的报价资料和当年的价格水平，分析论证设备价格。

（二）运杂费

设备运杂费是指设备由厂家运至工地安装现场所发生的一切运杂费用。其主要包括运输费、调车费、装卸费、包装绑扎费、大型变压器充氮费以及其他可能发生的杂费。设备运杂费分为主要设备运杂费和其他设备运杂费，均按占设备原价的百分率计算。

进口设备国内段运杂费费率，按国产设备运杂费费率乘以相应国产设备原价占进口设备原价的比例系数计算。

（三）运输保险费

运输保险费是指设备在运输过程中的保险费用。国产设备的运输保险费可按工程所在地区的规定计算。进口设备的运输保险费按有关规定计算。

（四）采购及保管费

采购及保管费是指建设单位和施工企业在负责设备的采购、保管过程中所发生的各项费用，按设备原价、运杂费之和的0.7%计算。

（五）运杂综合费

设备运杂费、运输保险费和采购及保管费三项费用统称为设备的运杂综合费，其费率的计算公式为：

运杂综合费费率＝运杂费费率＋（1＋运杂费费率）×
采购及保管费费率＋运输保险费费率

二、安装工程费

安装工程投资按设备数量乘以安装工程单价进行计算。

第四节　金属结构设备及安装工程概算

金属结构设备及安装工程包括闸门、启闭机、拦污栅和升船机设备及安装工程，压力钢管制作及安装工程和其他金属结构设备及安装工程。

闸门设备及安装包括平板焊接闸门、平板拼接闸门、弧形闸门、船闸闸门、闸门埋设件、闸门压重物、拦污栅、小型金属结构安装等。启闭机主要采用液压启闭机、门机、固定卷扬机和螺杆式启闭机等。压力钢管是水电站的主要组成部分,承受较大的内水压力,要求有一定的强度、韧性和严密性,通常由优质钢板制成。

金属结构设备及安装工程投资的计算方法同机电设备及安装工程。

第五节 施工临时工程概算

施工临时工程分为施工导流工程、施工交通工程、施工场外供电工程、施工房屋建筑工程和其他施工临时工程。

一、施工导流工程

投资按工程量乘以工程单价计算。

二、施工交通工程

投资按工程量乘以工程单价计算,也可根据工程所在地区造价指标或有关实际资料,采用扩大单位指标编制。

三、施工场外供电工程

施工场外供电工程包括从现有电网向施工现场供电的高压输电线路。其应根据设计的电压等级、线路架设的长度及所配备的变配电设施要求,采用工程所在地区造价指标或有关实际资料计算投资。

四、施工房屋建筑工程

施工房屋建筑是指在施工过程中建造的临时房屋,包括施工仓库和办公、生活及文化福利建筑两部分。施工仓库是指为工程施工而临时兴建的设备、材料、工器具等仓库,其建筑面积由施工组织设计确定,投资可按单位造价指标计算。办公、生活及文化福利建筑是指承包人、建设单位(含监理)、设计代表在工程建设期间所需的办公室、宿舍、招待所和其他文化福利设施等房屋建筑。办公、生活及文化福利建筑工程投资计算方法如下。

（一）枢纽工程和大型引水工程

$$I = \frac{AUP}{NL}K_1K_2K_3$$

式中：I 为办公、生活及文化福利建筑工程投资；A 为建筑安装工作量，按建筑工程、机电设备及安装工程、金属结构设备及安装工程、临时工程四部分建筑安装工作量（不包括办公、生活及文化福利建筑工程和其他施工临时工程）之和乘以（1＋其他施工临时工程百分率）计算；U 为人均建筑面积综合指标，按 12～15 m^2/人标准计算；P 为单位造价指标，参考工程所在地的永久房屋造价指标计算；N 为施工工期，按施工组织设计确定的合理工期计算；L 为全员劳动生产率，一般不低于 60 000～100 000 元/（人·年），施工机械化程度高取大值，反之取小值；K_1 为施工高峰人数调整系数，取 1.10；K_2 为室外工程系数，取 1.10～1.15，地形条件差的取大值，反之取小值；K_3 为单位造价指标调整系数，按不同施工年限，采用表 6-3 中的调整系数。

表 6-3　单位造价指标调整系数

工期	2 年以内	2～3 年	3～5 年	5～8 年	8～11 年
调整系数	0.25	0.40	0.55	0.70	0.80

（二）河湖整治工程、灌溉工程、堤防工程、改扩建与加固工程

河湖整治工程、灌溉工程、堤防工程、改扩建与加固工程的办公、生活及文化福利建筑工程费按建筑工程、机电设备及安装工程、金属结构设备及安装工程、临时工程四部分建筑安装工作量之和的百分率计算，详见表 6-4。

表 6-4　办公、生活及文化福利建筑工程费的百分率

工期	百分率（%）
≤3 年	1.5～2.0
>3 年	1.0～1.5

五、其他施工临时工程

其他施工临时工程是指除施工导流、施工交通、施工场外供电、施工房屋建筑、缆机平台以外的施工临时工程。

其费用按建筑工程、机电设备及安装工程、金属结构设备及安装工程、临时工程四部分建筑安装工作量(不包含其他施工临时工程)之和的百分率计算,枢纽工程和引水工程为3.0%~4.0%,河道工程为0.5%~1.0%。

第六节　独立费用概算

独立费用由建设管理费、生产准备费、科研勘测设计费、建设及施工场地征用费和其他费用共五项组成。

一、建设管理费

建设管理费是指建设单位在工程项目筹建和建设期间进行管理工作所需的费用。其包括项目建设管理费、工程建设监理费和联合试运转费。

(一)项目建设管理费

项目建设管理费包括建设单位开办费和建设单位经常费。

1. 建设单位开办费

建设单位开办费是指新组建的工程建设单位,为开展工作所必须购置的办公及生活设施、交通工具等费用,以及其他用于开办工作的费用。对于新建工程,其开办费根据建设单位开办费标准(见表6-5)和建设单位定员人数(见表6-6)确定。对于改扩建与加固工程,原则上不计建设单位开办费。

表6-5　建设单位开办费标准

建设单位人数	20人以下	21~40人	41~70人	71~140人	140人以上
开办费(万元)	120	120~220	220~350	350~700	700~850

注:1. 引水及河道工程按总工程计算。

2. 定员人数在两个数之间的,开办费由内插法求得。

表 6-6　建设单位定员

工程类别及规模				定员人数
枢纽工程	特大型工程	如小浪底工程、南水北调工程		140 以上
	综合利用的水利枢纽工程	大Ⅰ型	总库容 > 10 亿 m^3	70 ~ 140
		大Ⅱ型	总库容 1 亿 ~ 10 亿 m^3	40 ~ 70
	以发电为主的枢纽工程	200 万 kW 以上		90 ~ 120
		150 万 ~ 200 万 kW		70 ~ 90
		100 万 ~ 150 万 kW		55 ~ 70
		50 万 ~ 100 万 kW		40 ~ 55
		30 万 ~ 50 万 kW		30 ~ 40
		30 万 kW		20 ~ 30
	枢纽扩建及加固工程	大型	总库容 > 1 亿 m^3	21 ~ 35
		中型	总库容 0.1 亿 ~ 1 亿 m^3	14 ~ 21
引水及河道工程	大型引水工程	线路总长 > 300 km		84 ~ 140
		线路总长 100 ~ 300 km		56 ~ 84
		线路总长 ≤ 100 km		28 ~ 56
	大型灌溉或排涝工程	灌溉或排涝面积 > 150 万亩		56 ~ 84
		灌溉或排涝面积 50 万 ~ 150 万亩		28 ~ 56
	大江大河整治及堤防加固工程	河道长度 > 300 km		42 ~ 56
		河道长度 100 ~ 300 km		28 ~ 42
		河道长度 ≤ 100 km		14 ~ 28

注：1. 当大型引水、灌溉或排涝、大江大河整治及堤防加固工程包含有较多的泵站、水闸、船闸时，定员可适当增加。

2. 工程施工条件复杂者，取大值；反之，取小值。

3. 1 亩 = 1/15 hm^2。

2. 建设单位经常费

建设单位经常费包括建设单位人员经常费和工程管理经常费。

1) 建设单位人员经常费

建设单位人员经常费是指建设单位自批准组建之日起至完成该工程建设管理任务之日止，需开支的经常费用。根据建设单位定员、费用指标和经常费用计算期进行计算。

建设单位人员经常费=费用指标×定员人数×经常费用计算期

建设单位人员经常费指标应根据工程所在地区和编制年的基本工资、辅助工资、工资附加费、劳动保护费等进行调整。建设单位人员经常费计算期的依据为施工组织设计确定的施工总进度和总工期。建设单位人员从工程筹建之日起,至工程竣工之日加六个月止,为经常费用计算期。工程筹建期通常为0.5~2年。

2)工程管理经常费

工程管理经常费是指建设单位从筹建到竣工期间所发生的各项管理费用。一般按建设单位开办费和建设单位人员经常费之和的百分率计算,枢纽工程及引水工程取35%~40%,改扩建与加固工程、堤防及疏浚工程取20%。

(二)工程建设监理费

工程建设监理费,是指工程建设过程中聘任监理单位,对工程的质量、进度、安全和投资进行监理所发生的全部费用。

(三)联合试运转费

联合试运转费,是指水利工程的发电机组、水泵等安装完毕,在竣工验收前,进行整套设备带负荷联合试运转期间所需的各项费用。联合试运转费用指标见表6-7。

表6-7　联合试运转费用指标

水电站工程	单机容量(万kW)	≤1	≤2	≤3	≤4	≤5	≤6	≤10	≤20	≤30	≤40	>40
	费用(万元/台)	3	4	5	6	7	8	9	11	12	16	22
泵站工程	电力泵站(元/kW)	25~30										

二、生产准备费

生产准备费是指水利建设项目的生产、管理单位为准备正常的生产运行或管理发生的费用。其包括生产及管理单位提前进厂费、生产职工培训费、管理用具购置费、备品备件购置费和工器具及生产家具购置费。

(一)生产及管理单位提前进厂费

生产及管理单位提前进厂费是指在工程完工之前,生产、管理单位有一部分工人、技术人员和管理人员提前进厂进行生产筹备工作所需的各项费用。枢纽工程、引水和灌溉工程的生产及管理单位提前进厂费按建筑工程、机电设备及安装工程、金属结构设备及安装工程、施工临时工程四部分建筑安装投资之和的百分率计算,枢纽工程取0.2%~0.4%。

改扩建与加固工程、堤防及疏浚工程原则上不计此项费用,若工程中含有新建大型泵站、船闸等建筑物,按建筑物的建筑安装工作量参照枢纽工程费费率适当计列。

(二)生产职工培训费

生产职工培训费是指工程在竣工验收之前,生产及管理单位为保证生产、管理工作顺利进行,对工人、技术人员和管理人员进行培训所发生的费用。枢纽工程、引水和灌溉工程的生产职工培训费按建筑工程、机电设备及安装工程、金属结构设备及安装工程、施工临时工程四部分建筑安装投资之和的百分率计算,枢纽工程取0.3%~0.5%。

改扩建与加固工程、堤防及疏浚工程原则上不计此项费用,若工程中含有新建大型泵站、船闸等建筑物,按建筑物的建筑安装工作量参照枢纽工程费费率适当计列。

(三)管理用具购置费

管理用具购置费是指为保证新建项目的正常生产和管理所必须购置的办公及生活用具等费用。其按建筑工程、机电设备及安装工程、金属结构设备及安装工程、施工临时工程四部分建筑安装投资之和的百分率计算,枢纽工程取0.02%~0.08%,引水工程及河道工程取0.02%~0.03%。

(四)备品备件购置费

备品备件购置费是指工程在投产运行初期,由于易损件损耗和可能发生事故,而必须准备的备品备件和专用材料的购置费,按占设备费的0.4% ~0.6%计算。

设备费包括机电设备购置费、金属结构设备购置费以及运杂费等全部费用。电站、泵站同容量、同型号机组超过一台时,只计算一台的设备费。

(五)工器具及生产家具购置费

工器具及生产家具购置费是指按设计规定,为保证初期生产正常运行所必须购置的不属于固定资产标准的生产工具、器具、仪表、生产家具等的购置费,按占设备费的0.08% ~0.2%计算。

三、科研勘测设计费

科研勘测设计费是指工程建设所需的科研、勘测和设计等费用。其包括工程科学研究试验费和工程勘测设计费。

工程科学研究试验费是指在工程建设过程中,为解决工程的技术问题,而进行必要的科学研究试验所需的费用。其按建筑工程、机电设备及安装工程、金属结构设备及安装工程、施工临时工程四部分建筑安装投资之和的百分率计算,枢纽工程和引水工程取0.5%,河道工程取0.2%。

工程勘测设计费是指工程从项目建议书开始至以后各设计阶段发生的勘测费、设计费,按照国家计委、建设部计价格[2002]10号文件规定计算。

四、建设及施工场地征用费

建设及施工场地征用费是指按照设计确定的永久及临时工程征地和管理单位用地所发生的征地补偿费用,以及应缴纳的耕地占用税等。其主要包括征用场地上的林木、作物的补偿,建筑物迁建及居民迁移费用等。

五、其他费用

其他费用包括工程保险费和其他税费。

工程保险费是指工程建设期间,为使工程能在遭受水灾、火灾等自然灾害和意外事故造成损失后得到经济补偿,而对建筑、设备及安装工程所发生的保险费用。其按建筑工程、机电设备及安装工程、金属结构设备及安装工程、施工临时工程四部分建筑安装投资之和的百分率计算。

其他税费是指按国家规定应缴纳的与工程建设有关的税费。

第七节 预备费和建设期融资利息

一、预备费

预备费包括基本预备费和价差预备费两项。

基本预备费主要为解决在施工过程中,经上级批准的设计变更和国家政策性变动而增加的投资,以及为解决意外事故而采取的措施所增加的工程项目和费用。其根据工程规模、施工年限和地质条件等不同情况,按建筑工程、机电设备及安装工程、金属结构设备及安装工程、施工临时工程和独立费用五部分投资之和的百分率计算,初步设计阶段为5.0%~8.0%。

价差预备费主要为解决在工程项目建设过程中,因人工工资、材料和设备价格上涨以及费用标准调整而增加的投资。根据施工年限,以资金流量表的静态总投资为计算基数,按照物价变动趋势,适时调整和发布的年物价指数计算。

$$E = \sum_{n=1}^{N} F_n[(1+P)^n - 1]$$

式中:E 为价差预备费;N 为合理建设工期;n 为施工年度;F_n 为建设期间资金流量表内第 n 年的投资;P 为年物价指数。

二、建设期融资利息

建设期融资利息是指工程建设期内须偿还并应计入工程总投资的融资利息。

$$S = \sum_{n=1}^{N}\left[\left(\sum_{m=1}^{n} F_m b_m - \frac{1}{2} F_n b_n\right) + \sum_{m=0}^{n-1} S_m\right] i$$

式中:S 为建设期融资利息;N 为合理建设工期;n 为施工年度;m 为还息年度;F_n、F_m 为建设期资金流量表内第 n、m 年的投资;b_n、b_m 为各施工年份融资额占当年投资的比例;i 为建设期融资利率;S_m 为第 m 年的付息额度。

三、静态总投资和总投资

建筑工程、机电设备及安装工程、金属结构设备及安装工程、施工临时工程和独立费用五部分投资与基本预备费之和构成静态总投资。

建筑工程、机电设备及安装工程、金属结构设备及安装工程、施工临时工程和独立费用五部分投资与基本预备费、价差预备费、建设期融资利息之和构成总投资。

四、移民环境投资

移民环境投资由移民征地补偿费、水土保持工程费、环境保护工程费组成。

移民征地补偿费由农村移民安置费、集镇迁建费、城镇迁建费、工业企业迁建费、专业项目恢复改建费、防护工程费、库底清理费和其他费用等组成。编制依据主要是国家法规政策和工程所在地的法规政策及淹没调查指标。

水土保持工程费由工程措施费、植物措施费、设备及安装工程费、临时工程费和独立费用组成。水土保持概(估)算编制文件不同于枢纽工程,有其单独的编制办法和配套定额。编制依据主要是国家和主管部门颁发的法律法规、技术标准和规定。

环境保护工程费是指因工程兴建对环境造成的不利影响而需采取的环境保护措施、环境监测措施以及进行环境管理等所需的投入。其主要由环境保护措施费、环境监测措施费、仪器设备及安装费、环境保护临时措施费、独立费用、预备费和建设期贷款利息等组成。编制依据主要是国家和主管部门颁发的法律法规、技术标准和规定。

第八节　投资估算

一、概述

投资估算是项目建议书和可行性研究报告的重要组成部分，是国家为选定近期开发项目作出科学决策和批准进行下阶段设计的重要依据，其准确性直接影响到对项目的决策。

可行性研究报告主要是对工程规模、坝址、基本坝型、枢纽布置方式等提出初步方案并进行论证，估算工程总投资及总工期，对工程兴建的必要性及经济合理性进行评价。投资估算与初步设计概算在组成内容、项目划分和费用构成上基本相同，但二者设计深度不同。可根据现行规范规定，对初步设计概算编制规定中的部分内容进行适当简化、合并或调整。

二、编制办法及计算标准

基础单价编制与初步设计概算相同。

投资估算工程单价编制与初步设计概算工程单价编制相同，一般采用概算定额，但考虑投资估算工作深度和精度，乘以10%的扩大系数。

分部工程估算编制方法基本与概算相同。其中：建筑工程中的其他建筑工程，可视工程具体情况和规模按主体建筑工程投资的3%～5%计算；机电设备及安装工程中的其他设备及安装工程，可根据装机规模按占主要机电设备费的百分率或单位千瓦指标计算。

投资估算由于工作深度的局限性，仅计算分年度投资而不计算资金流量。

可行性研究阶段投资估算基本预备费费率取10%～12%，项目建议书阶段基本预备费费率取15%～18%，价差预备费费率同初步设计概算。

工程概（估）算总表见表6-8。

表6-8　工程概(估)算总表　　（单位:万元）

序号	工程或费用名称	建筑安装工程费	设备购置费	独立费用	合计
Ⅰ	工程部分投资				
	第一部分 建筑工程				
	第二部分 机电设备及安装工程				
	第三部分 金属结构设备及安装工程				
	第四部分 施工临时工程				
	第五部分 独立费用				
	一至五部分投资合计				
	基本预备费				
	静态总投资				
	价差预备费				
	建设期融资利息				
	总投资				
Ⅱ	移民环境投资				
	⋮				
	静态总投资				
	⋮				
	总投资				
Ⅲ	工程投资总计				
	静态总投资				
	总投资				

第七章 国际招标工程造价预测

第一节 概 述

一、概估算的分类

国际工程编制的工程概估算,一般按设计阶段、工作深度和用途划分为概念性估算、初步性估算、控制性估算、工程师估算和招标标底估算。

概念性估算是采用系数法对主要项目的工程量进行计算,设备安装费用采用百分数估算。其主要用途是确定工程的可行性。估算误差范围一般为 +15% ~ +20%。

初步性估算是根据初步的工程数据(如技术方案设计、初步的设备清单、布置图、初步的工程量、主要设备的报价以及近似的单价)进行估算。其主要用途是进行工程规划和确定初步的资金筹措计划。估算误差一般为 +15%。

控制性估算是在初步设计已完成,确定工程规模和工作范围后,根据工程计划进度和技术要求、总体布置、设备清单、工程量、设备和材料价格进行估算,某些项目采用系数法估算。其用途是进行详细规划、编制合同规范和进度、准备工程预算。估算误差一般为 +10%。

工程师估算是在合同划分全部确定之后,根据最新的价格资料、详细的工程量以及详细的单价进行估算。其用途是协助工程师和设计人员控制设计费用,保证工程在确定的范围和预算内完成;进行造价预测、施工规划、资源分配、控制劳务费用等。估算误差一般为 +5%。

招标标底估算是和承包商在同等基础上按照招标文件的技术规范、合同条款进行估算。其用途是分析和评价投标报价的合理性,为进行合同谈判提供辅助资料。估算误差一般为 +5%。

工程概估算编制的内容包括:确定估算方法和原则;计算各部位工程量;选择施工方法,确定分项进度和设备生产率;选用合适的价格或价格调整系数,确定设备、材料、劳动力的价格;评价所涉及的风险。

二、概(估)算费用组成

国际招标工程概(估)算费用由直接费、间接费、承包商的加价、调价、业主费组成。

直接费指的是一个工程项目总施工成本的一部分,并能确定为特定的支付项目,随工程量和生产率变化而变化。通常由直接劳务、施工工厂和设备、材料及其供应和分包合同四部分组成。

间接费指的是不易分摊到特定支付(招标)项目上的费用,不随工程量变化而变化,但随着工程变化而变化。其内容包括施工工厂及设备的进场和退场、临时设施和营地设施、间接人员、其他运行和维护费、保险和利息等。

承包商的加价通常称为毛利润,主要包括三部分,即总部管理费(或称为一般管理费)、利润或投资回报和承包商的施工不可预见费。

调价指的是由于物价上涨因素引起的估算调整,一般指估算编制期和工程施工期所发生的物价上涨。

业主费指的是由业主直接承担,不属于施工控制范围并在施工价之外的费用。其包括业主的工程和管理、工程筹资费用、工程不可预见费。

第二节　直接费

一、计算直接费的步骤

(1)综合了解工程情况和施工方法,获得现场第一手资料。

(2)确定有关工程量。

(3)理解工程的计量和支付条款。

(4)确定完成工程所需的时间,编制施工进度。

(5)计算工程的主要项目及工作项目。

(6)确定基本单位费费率和价格。

(7)确定工作项目的劳务班组、施工工厂和设备的生产率与单位费用,计算其费用。

(8)计算材料及其供应费用、分包费用。

(9)计算工程项目的总直接费用。

二、重要步骤分析

上述各项中最主要的是了解工程情况,估算工程量,确定施工技术和方法,安排施工进度,确定基本费费率及价格,确定劳务班组及生产率。下面针对这几种因素进行重点分析。

(一)了解工程情况

施工技术和方法是计算成本费用的基础,在确定施工技术和方法之前,需要对整个工程的范围、位置、总体布置、施工限制、进度要求等因素进行全面的综合的了解。

1.技术规范和方案

了解技术规范包括检验、特殊施工技术要求和限制条件。例如,对工程投资有影响的爆破限制、混凝土骨料的最大粒径、浇筑混凝土温度、建材种类、环境要求等。了解技术方案包括对工程结构的物理尺寸和有关位置、主要机械部件的质量、可用于施工临时设施的地区、港口设施及进厂的交通等,都需要有全面的了解。

2.工程后勤

工程后勤指的是为建设一个工程所需要的采购、维护、资源的更换和运输。其主要包括场外劳动力的雇用、采购和供应等,备件、材料和供应品的库存规模,施工工厂和设备维修车间及建筑物的规模,人员的进场和每日的交通运输,营地设施的需求,进场道路、铁路、码头、港口、机场等设施的修建,施工材料的生产和加工设施,其他特殊运输措施及服务。

3. 现场考察

为获得现场条件的第一手资料，需要对现场进行考察，了解结构位置、工程地质问题、地下条件、临时施工设施的布置和可用性、临时结构的开挖回填要求等。

4. 复核地质、水文和气象资料

造价人员需研究地质报告、水文报告和气象报告，了解地表以下材料的特性、料场的可用性、地下水位情况、剥离的工程量、导流工程范围、河流的流量、工程区气候条件等。

5. 可利用资源

可利用资源包括劳动力、施工工厂和设备、材料、供应品、永久设备、服务和分包商的来源。了解各种劳动力的可供应性及其保证性、营地建设、附近劳动力的运输等，施工工厂和设备的供应情况，国际市场的设备价格，永久设备、材料、供应品的来源及供应情况，采购、运输和储存条件，以及价格情况。

6. 区域的历史生产率

不同地区的劳务和设备生产率变化很大，而且施工工作的生产率受很多因素的影响，如劳动力以前的经验及培训、地区的劳动力特点、地区的习俗和劳务习惯、气候条件、管理及监督的质量和劳务组织的素质等。

(二)估算工程量

在熟悉施工方法和技术的情况下，首先确定支付项目所应进行的施工活动，并计算这些施工活动的工程量。例如，基础开挖的一个支付项目包括钻孔、爆破、出渣、弃渣和排水等工作项目，应计算净开挖量、爆破孔直线长度、炸药使用量、开挖期间松散材料的体积、出渣运距、排水量以及为保持基础干燥所需要的时间等。

不同的施工部位其各项参数指标是不相同的，应根据不同的参数指标计算各部位工程量。某工程开挖爆破参数详见表 7-1。

估算工程量时工作项目分类一般为进场，导流及排水，现场勘察、清理，开挖，填筑，混凝土项目，地下工程，建筑工程，机械工程，电气工程，其他项目。

表 7-1　某工程开挖爆破参数

部位	装药系数 (kg/m^3)	孔径 (mm)	孔排径 (m×m)	孔深 (m)
出口明渠	0.70~0.78	65~70	1.52×2.19	11.00
尾水洞导流	2.50~2.57	51	1.20×1.20	2.50
尾水洞扩挖	1.41~1.76	51	1.20×1.20	2.50
尾水洞全断面	1.68~1.92	51	1.20×1.20	5.00
压力钢管支洞	1.98~2.21	51	1.20×1.20	5.00
压力钢管主洞	2.21~2.41	51	1.20×1.20	5.00
尾水洞梯段开挖 ϕ65 mm	0.70~0.79	65	1.83×2.22	11.00
尾水洞梯段开挖 ϕ75 mm	0.85~0.87	75	2.20×2.20	11.00
交通洞	1.91~2.03	51	1.20×1.20	5.00

(1)进场。包括现场准备、清理、平整,营地建设及拆除,公共设施(供电、供水、通信等),施工工厂和设备(运输、组装、拆除及撤离),临时工程(交通道路、桥梁、仓库及车间等),监理及劳务进场等。

(2)导流及排水。包括开挖、土石填筑及清除、围堰填筑及清除等。

(3)现场勘察、清理。包括试验孔、抽水试验井、现场试验、实验室试验,附着物清理,场地内建筑物、线路、其他结构清理和迁移。

(4)开挖。包括土石方挖运、堆存,沟槽挖运、堆存,灌浆、疏浚以及水下开挖。

(5)填筑。包括覆盖层清除,料源开采、运输及填筑,石笼。

(6)混凝土项目。包括基础准备、混凝土拌和、运输、浇筑、养护、模板制作安装、钢筋制作安装以及预制混凝土制作安装。

(7)地下工程。包括施工准备(电、水、风、照明和通信等)、隧洞和竖井开挖、喷锚支护、混凝土衬砌、灌浆、轨道铺设拆除等。

(8)建筑工程。主要指房屋建筑工程。

(9)机械工程。主要包括机械设备的采购、安装、试运转等。

(10)电气工程。主要是指电气设备的采购、安装、试运转等。

(11)其他项目。主要指桩基施工及试验、排水、公路、铁路、桥梁、室外工程、公共设施及环境美化等。

(三)确定施工技术和方法

确定施工技术和方法时,需要考虑的因素主要为施工时间和工程量,工程特征尺寸和结构特征,设计、地质、水文和气象方面的限制,现场地形和条件,资源供应情况,合同类型和风险的分摊。

1. 施工时间和工程量

必须确定主要工作项目的工程量,然后计算在允许的时间限定范围内,单位时间内完成工作项目的生产要求。需要考虑所要完成工作的总量,包括浪费和超挖等的余量。劳动力和施工设备的配置,应能满足高峰期生产的要求,高峰生产容量的确定可以用平均生产量乘以系数计算,也可以用综合工程量和施工进度推导出的矩形图求得。

2. 选择施工方法和技术

确定了主要施工项目的生产要求之后,选择能够实现所建项目的施工方法和技术。需要考虑如下一些因素:

现场施工特定条件,如交通和环境的限制、高压输电线路、高水位及洪水情况、现有的不稳定的地质条件、正在运行的设施和公共设施等。

结构特征及设计限制,结构的几何尺寸限制了设备类型和容量的选择,例如:隧洞的尺寸和长度影响着隧洞开挖方法的选择,长隧洞适合选择联合掘进机掘进,而短隧洞就不适于掘进机掘进;混凝土浇筑的尺寸限制了浇筑设备的类型,如果浇筑量少,则不适于使用高生产率的皮带运输机。

地质、水文及气象条件,如覆盖层和岩石构造的类型和深度、天然含水率、地下水位等决定了开挖设备的类型和容量;水文方面,河水位的高低影响工作季节的时间长短,以及是否修建围堰等;季节性严酷的气候条件,如较强的风力影响起重机设备的选型,强降雨区则影响开挖设备类型的选择。

地形条件,如现场的地形条件决定了施工交通道路的宽度、长度和等级;现场的台地现象,影响临时施工设施生产加工厂、办公室、营地等设施的布置位置。

可利用的资源,若当地劳动力资源充沛,可完成劳动密集型的施工工程,通常采用机械施工方法更为经济。

(四)安排施工进度

施工规划中不可缺少的是施工进度安排,并要求足够精确和详细,以便很好地协调施工活动,保证及时完成工程项目。编制施工进度报告时,主要考虑的因素有:主要工程活动、工程量和单位、主要的工程里程碑、内部相互间的关系、河流和气候对施工进度的影响、预计的平均和高峰生产要求。

施工进度报告应包括每班的工作小时数、每天的工作班数、每月的工作天数、使用的施工工厂和设备、预计的生产率及进场所需的时间等。

(五)确定基本费费率及价格

需要确定的价格主要指劳务工资单价,包括直接劳务和间接劳务,建筑材料运到工地的价格,以及施工机械设备购置、运行费用。

基本费费率指利润率、不可预见费费率、工程和管理费费率等。

(六)确定劳务班组及生产率

劳务班组指的是完成某项工作所需的劳动力班组的组成及规模,所需的人员数及劳动力的分类等。确定的劳动班组,其劳动生产率不仅要与施工区完建工程的生产率相适应,还要与拟采用的施工机械设备相适应。

施工机械和设备的生产率通常是根据对生产循环的研究得出的,这是在正常情况下的生产率,一般称做平均循环生产率。考虑到天气、设备故障、协调等因素造成的不可避免的时间损失,机械设备生产率只占平均循环生产率的50%~90%。所以,在计算施工机械和设备的生产率时,除要考虑效率系数外,还要考虑延误系数。

确定延误系数,需要考虑的主要因素如下:

(1)特制的复杂的机械比常规机械学习熟悉期要长;

(2)有些作业需要大量的先头工作,而且效率较低;

(3)有些施工活动断续进行,有超过1次以上的起动期。

三、直接费计算内容

直接费由劳务费、施工机械设备台时费、材料及供应等部分组成。

(一)劳务费

劳务费包括直接与当地人工劳务有关的费用。一般分为非熟练工(普工、徒工等),半熟练工(熟练工助手等),熟练工(木工、砌石工、钻工、卡车司机等),技工(机械工、电工、设备操作工、焊工等),工长。

劳务费包括基本工资、社会福利和各种工资费用。

1. 基本工资

基本工资表示的方式主要有小时工资和月工资。小时工资和月工资是比较敏感的领域,编制时必须从工程所在地区收集资料,并且要保证资料的适用性。劳务工资资料一般可从劳务工会、地方劳务办公室、劳务代理、工程所在地区承包商或商业成本服务公司等机构获得。

2. 社会福利

社会福利是与附加福利、加班、倒班、生活津贴、地区补贴、假期、社会保障以及各种保险等所有非生产性时间有关的支付费用,构成工资成本。

福利是指承包商承担的养老、培训、脱产教育等。

加班分为计划加班和非计划加班。计划加班是作为工程的标准特征而计划的加班;非计划加班是由于工作的特殊情况临时所做的必要的加班,非计划加班成本可按基本工资的2% ~3%计算。

倒班工资是针对多班制作业时,交接班时间发生的工资支付。

生活津贴包括对施工人员住宿、生活的补贴等。

地区补贴是指工程位于偏远地区,工作条件较差,对于施工人员的补贴。

假期工资是指施工人员带薪休假所支付的工资。

社会保障是指对于工人退休、医疗、伤残等提供的保障,通常按占基本工资的百分数计算。

保险包含内容较多,有失业保险、健康保险、事故保险等。

某工程劳务工资构成见表7-2。

表 7-2　某工程劳务工资构成

工资构成	单位	木工	钢筋工	司机
1　基本工资	$/h	21.00	22.00	24.00
2　附加福利				
退休基金	$/h	1.23	1.52	1.86
保健、福利	$/h	2.06	2.00	2.15
假期工资	$/h			
节日工资(基本工资×4%)	$/h	0.84	0.88	
工业基金	$/h	0.10	0.05	
学徒基金	$/h	0.10		
小计	$/h	4.33	4.45	4.01
3　保险及税金(基本工资×小计)				
社会保险金	%	6.7	6.7	6.7
失业保险金	%	3.0	3.0	3.0
职工赔偿保险	%	7.6	12.6	10.0
工资税	%			
小计	%	17.3	22.3	19.7
保险及税金合计	$/h	3.63	4.91	4.73
4　调整系数(基本工资+保险及税金)				
加班系数(54 h/周)	%	22.0	22.0	22.0
班差系数	%			3.0
上下班时间系数	%			
气候影响系数	%	2.4	2.4	3.2
综合调整系数	%	24.4	24.4	28.2
小时工资调整值	$/h	6.01	6.57	8.10
5　交通及生活补贴				
每天补贴费(9 h/d)	$/d	16.00	20.00	20.00
小时工资调整值(每天补贴费÷9 h)	$/h	1.78	2.22	2.22
6　小时有效工资总计(1+2+3+4+5)	$/h	36.75	40.15	43.06

(二)施工机械设备台时费

施工机械设备台时费由固定费用和可变费用两部分组成。固定费用包括设备折旧费、管理费用(保险、税金、仓储设备管理、检查、许可证以及记录保存)。可变费用为设备运行期间发生的大修理费、现场修理费、动力燃料费、润滑油费、轮胎费、工地配件及操作工的费用等。

施工机械设备台时费通常有两种计算方法:一是按基础数据分项计算,二是简化法。

1. 按基础数据分项计算

根据机械设备的购置价格、经济寿命、年利率、燃料和润滑油的消耗量,以及替换轮胎价格和寿命、维修人工消耗量及工资、维修配件等资料,分别计算施工机械台时中的折旧费、管理费、燃料费、润滑油费、修理费、轮胎折旧费等。

1)折旧费

计算设备折旧费有多种方法,如直线法、年限总额法和余额递减法。

这里主要介绍直线法,即假定设备在整个经济寿命期内,以均一的比例损失其价值。详细分为两种方法:一是设备在其使用寿命期内全部折旧完,残值为零;二是考虑部分残值,一般为15%左右。残值是指设备在经济寿命期内任一时间点上的价值,它随着时间的延长逐渐减少。

设备折旧费计算公式如下:

小时折旧费(有残值)=(设备预算价格-残值)÷设备使用寿命

小时折旧费(无残值)=设备预算价格÷设备使用寿命

式中,设备预算价格包括设备出厂价、销售税和运到工地发生的运杂费用(海运、陆运)。

设备使用寿命代表设备在平均条件下的经济生产寿命,既是决定设备折旧费的因素,也是决定小时修理费、维护费和消耗性器材费的重要因素之一,对设备台时费的影响最大。绝大多数移动式设备经过精心的定期维护保养和大修,其经济寿命比预计的要长2~3倍。

施工设备经济寿命见表7-3。

表 7-3　施工设备经济寿命参考

名称	规格	经济寿命(h)
推土机	400 马力	17 530
	200 马力	13 940
轮式装载机	10.3 m^3	21 120
	5.4 m^3	17 530
自卸车(后卸)	45 t	19 220
	32 t	17 530
液压挖掘机正铲和反铲	9.6 m^3	26 400
	3.6 m^3	17 530
液压履带钻机	75 mm	14 495
	100 ~ 150 mm	14 995

注:1 马力 = 735.499 W,下同。

2)管理费

管理费包括项目借款或分期付款的利息,保险、税费、许可证费、执照费,设备保管费等。

(1)利息。是指设备购置资金(贷款或分期付款)的利息。在实际操作过程中,可根据具体情况进行分析。例如,业主提供某种施工设备供承包商租用,这种施工设备可不计利息。

计算利息的简便方法,将全部利息在整个经济寿命期内平均摊销。

(2)保险、税费、许可证费、执照费。在承包商编制的预算中,施工设备的保险、税费、许可证费、执照费一般以年为基础,按设备采购价格的百分数计算。

(3)设备保管费。包括设备停放场、附属建筑物、保管等费用。

3)燃料费

机械台时燃油费 = 小时耗油量 × 燃油单价

小时耗油量 = 发动机功率(马力) × 负荷系数 ×
单位耗油量(kg/(马力 · h))

设备耗油量随着设备负荷系数、高程、发动机性能、操作人员效率等因素而变化。施工设备在连续不断的全负荷运转情况下,其负荷系数为1.0,设备空闲、转弯或下坡时,负荷系数都会降低。施工设备负荷系数、单位耗油量参考值详见表7-4。

表7-4　施工设备负荷系数、单位耗油量参考值

名称	负荷系数	单位耗油量(kg/(马力·h))
起重机	0.30～0.50	汽油0.25～0.29 柴油0.16～0.22
索铲、抓斗	0.40～0.60	
正铲、反铲	0.50～0.70	

4)润滑油费

机械台时润滑油费可按占小时燃油费用的百分比计算,也可按实际数据确定润滑油耗量,乘以单价计算。

机械台时润滑油费＝小时燃油费用×百分比

机械台时润滑油费＝小时单位耗油量×单价

5)修理费

修理费包括设备大修理费、现场维修费,由修理人工费和修理配件费组成。修理费可根据实际资料计算,也可按占折旧费的百分比估算,参见表7-5。

表7-5　修理费占折旧费的比值　(%)

名称	工作状况		
	轻度	平均	重度
起重机	40	45	50
索铲、抓斗	60	65	70
正铲、反铲	65	70	75

6)轮胎折旧费

$$\text{轮胎小时折旧费}=\frac{\text{轮胎价格}}{\text{轮胎寿命}}$$

按设备基础数据分项计算台时费的方法,对于每种施工设备均可适用。

2. 简化法

工程项目在缺乏详细资料的情况下,也可采用简化的方法进行计算。

国外工程计算施工机械台时费,通常参照《施工设备费用参考指南》手册(以下简称手册),其中包括机械设备类型、容量、质量以及折旧费、运行费、燃料费、利息、配件费、维修费等数据。

利用手册所列各种机械设备的折旧费、运行费、固定和可变费用等资料,根据工程的实际情况,将手册中各项基本费用进行调整,计算机械设备台时费。

1)折旧费、轮胎费、检修及现场维修费调整

调整后的费用 A = 调整系数 M × 手册中的费用 C

调整系数 M = 平均经济寿命(手册中) ÷ 调整后的经济寿命

例如,手册中某机械折旧费为 13.17 \$/h,平均经济寿命为 9 250 h。调整后的经济寿命为 8 000 h,调整系数 M = 9 250 ÷ 8 000 = 1.16,则:

调整后的折旧费 = 13.17 \$/h × 1.16 = 15.28 \$/h

2)燃料及耗电费用调整

调整后的费用 A = 调整系数 M × 手册中的费用 C

调整系数(燃料或电)M = 当地(燃料或电)单价 ÷ 手册中(燃料或电)单价

3)润滑油费

手册中,计算润滑油费的经验公式为:

小时润滑油费 = 设备价格 × 0.000 006 3 + 小时燃料费用 × 0.1

4)轮胎费用调整

调整后的费用 A = 调整系数 M × 手册中的费用 C

调整系数 M_1 = 平均轮胎寿命 ÷ 实际的轮胎经济寿命

调整系数 M_2 = 实际轮胎价格 ÷ 手册中轮胎价格

施工设备轮胎平均经济寿命见表 7-6。

【例 7-1】 某水利工程为国际招标工程,其中大型土石方施工机械为进口机械。根据以下已知条件,试求:进口机械 35 t 自卸车的台时费用。计算货币单位为$。

表 7-6　施工设备轮胎平均经济寿命参考

名称	轮胎寿命(h)
隧洞装载机	1 000
底卸自卸车	3 000
拖拉机	2 400
轮式装载机	3 000
铲运机	2 700
平地机	3 000
汽车起重机	4 000
液压起重机	3 500

已知条件:35 t 自卸车每台设备购置费 501 380 $,经济寿命 20 000 h,备用轮胎前轮 8 268 $、后轮 16 536 $,轮胎经济寿命 3 100 h,机械运转每个台时消耗燃料 24 加仑/h(1 加仑 = 3.785 L)、维修工 0.42 工时/h、操作工 1.0 工时/h;

燃料价格为 0.48 $/加仑,维修工工资 32.5 $/工时,操作工工资 26.05 $/工时,维修配件费按净设备购置费的 0.026‰计算,机械运转每个台时润滑油 1.34 $/h,利息、保险、税金 14.69 $/h。

解:(1)每台设备购置费 501 380 $(含备用轮胎),净设备购置费 = 501 380 − 8 268 − 16 536 = 476 576($)。

设备折旧费 = 净设备购置费 ÷ 设备经济寿命 = 476 576 ÷ 20 000 = 23.83($/h)。

(2)设备利息、保险、税金 = 14.69 $/h。

(3)计算运行费用。

燃料费 = 0.48 × 24 = 11.52($/h)。

润滑油费 = 1.34 $/h。

备用轮胎费 = (8 268 + 16 536) ÷ 3 100 = 8.00($/h)。

维修配件费 = 476 576 × 0.026‰ = 12.39($/h)。

维修工台时费 = 32.5 × 0.42 = 13.65($/h)。

运行费合计 = 11.52 + 1.34 + 8.00 + 12.39 + 13.65 = 46.90($/h)。

(4)设备操作工台时费 = 26.05 × 1.0 = 26.05($/h)。

(5)台时费 = (1) + (2) + (3) + (4) = 23.83 + 14.69 + 46.90 + 26.05 = 111.47($/h)。

(三)材料及供应

在确定了工程量及材料消耗量、供货到施工现场的单价之后,将材料量乘以单价可得材料部分的直接费用,并按当地货币、外币分别计列。

工程中发生的小型工具、小型设备、其他供应品、劳保用品等可根据标准预算和计算方法,列入小型工具和供应品之内,一般占劳动力成本的10% ~25%。

第三节　间接费

间接费属于整个工程费用,通常包括管理费或一般费用。间接费的界定:一是不易分摊到特定支付(招标)项目上的费用;二是不随工程量变化而变化,但是随着工程变化而变化的费用。

一、间接费内容

间接费内容包括施工工厂及设备的进场和退场、临时设施和营地设施、间接人员、间接人员的流动和维持、施工工厂及设备的运行费和租赁费、其他运行和维护费、保险、税费、合同担保和利息等。

(一)施工工厂及设备的进场和退场

施工工厂及设备的进场和退场包括发货港和目的港发生的手续费、港口费、滞留费等,代理费,海运费,关税,陆路运输费,现场的处理费、组装费、安装费、起动试车费、进退场的保险费等;不包括施工工厂和设备的采购费,采购费用包括在投标报价中。

(二)临时设施和营地设施

临时设施和营地设施包括以下内容:

(1)为施工便利而修建的临时交通道路。如铁路、公路、桥梁、涵洞、港口设施、卸货设施等的施工或拆除。

(2)为施工修建的场内外临时建筑物。如办公室、实验室、仓库、车间、炸药库、维修间、餐厅、宿舍、医院、保卫及安全室、卫生设施和有关的室外工程等。

(3)临时基础设施。是指为了施工的便利和支持临时设施所必需的项目,包括临时建筑物必需的开挖、填筑、修坡,临时住宅区的街道、人行道等的施工,临时污水排水系统,工厂的基础,临时基础设施的拆除等。

(4)临时场地。是指为完成工程所必需的露天仓库、工作区域,包括永久设备和材料储存地,钢筋、模板、金属结构制造区和焊接场地,大型机械预装厂,施工设备停放场,废料储存场,临时场地的清除和复原等。

(5)临时公共设施。包括供水设施、水处理厂、污水处理设施、污水系统、空压系统、供电系统、输电系统、通信系统等。

(三)间接人员

间接人员可分成以下几类:

(1)管理人员。包括项目经理及其助理、业务和技术管理人员、行政经理、合同经理、总监督及其助理、公共关系经理等。

(2)监督人员。包括针对开挖、隧洞、采石场、木结构、混凝土、钢筋、结构、电气、机械等工程而设置的监督人员。

(3)现场工程人员。包括项目工程师、索赔工程师、办公室工程师、现场工程师、成本工程师、总进度工程师、材料工程师、附属工厂工程师、土工工程师、实验室技术员、绘图员、测量员等。

(4)办公室人员。包括办公室经理、项目会计人员、图书管理员、人事经理、出纳主任、计算机操作员、通讯员等。

(5)采购人员。包括采购经理及其助理、采购员、运输经理、港口经理、催货员等。

(6)仓库保管人员。包括仓库监督、保管负责人、保管员、入库验收员、记录员、设备操作工、卡车司机等。

(7)临时设施维护人员。包括设备操作工、木工、泥瓦工、钢筋工、电工、机械工、电焊工、普工等。

(8)医务及安全人员。包括医生、护士、急救站人员、安全工程师、救护车司机等。

(9)营地管理人员。包括营地经理、厨师、食品采购员、催货员、货车司机、房屋办事员、房屋监督员、门卫等。

(10)其他人员。包括秘书负责人、保卫负责人、保卫人员、信号员、无线电技术人员等。

(四)间接人员的流动和维持

间接人员的流动和维持指的是人员的进退场费用,包括安置费、运输费以及补贴费等。一般考虑5% ~10%的人员在施工期内需要更换。

(五)施工工厂及设备的运行费和租赁费

施工工厂及设备的运行费和租赁费指的是适用于整个工程,但是不能分摊到某特定的工程项目中的费用。其包括汽车、工具车、交通车、消防车、洒水车、服务车、平路机、汽车吊、水泵等设备的运行费或租赁费、维修人员费用、燃料和润滑油费用和备品备件费用。但不包括操作人员和司机的费用,此费用已包括在间接劳务人员费用中。

(六)其他运行和维护费

其他运行和维护费指的是与支付(招标)项目无关而适用于整个工程的材料和服务的费用。其包括办公用品和文具费、办公室及设备租用费、外部设计和咨询费、设计必需品费、仓库和采购必需品费、医务和安全必需品费、通信必需品费、审计费、法律费用、银行费用、许可证及执照费等必需的间接服务和必需品费用。

(七)保险

保险指的是工程中所发生的所有保险费用。范围主要有工人的保险、第三方保险、财产及资本保险。具体为人身保险,失业保险,医疗险,遣返险,汽车等设备险,海运保险,承包商风险,财务保险,工程师或建筑师的专业保险,防火灾保险,风、雨、洪水及地震等自然灾害险等。

(八)税费

税费指的是工程应付的所有税款。主要有施工工厂和设备的税款、销售税、营业税、进口关税、公路税以及其他可能承担的税款。应注意不要重复计算销售税,对于材料和必需品,其销售税包含在价格中。

(九)合同担保

合同担保是为业主提供保护的,承包商将承担由于未履行合同或协议给业主造成的损失。一般有投标担保、履约担保和支付担保。

(十)利息

承包商为工程的费用进行一定期限的贷款,所发生的利息应计入工程成本。一般根据资金流分析计算发生的利息。

二、计算间接费基础资料

(1)计算间接施工活动中的工程量,包括各类管理人员的工作历时、各岗位上的人数、临时建筑物的面积、临时交通道路的长度、运到现场的施工工厂及设备的重量和体积、每日住宿和需运往工地的工人数量、设备和工程的保险值等。

(2)劳动力、施工工厂和设备、材料和供应品及分包的计算费费率。

(3)施工系统、方法和技术。

(4)施工进度。

(5)总直接费用。

(6)劳动力及施工工厂和设备的需求。

三、间接费计算方法

间接费按上述内容逐项进行计算,管理人员费用(分为当地管理人员和外籍管理人员)按人时数量乘以工资单价计算,基础设施费用按建筑面积乘单价计算。各项间接费合计与直接费之比,即为间接费费率。

【例 7-2】 某国际招标工程,计算得出各种内、外籍管理人员和基础设施等配备数量(以挡水建筑物为例)。根据当时内、外籍不同专业人员工资标准及施工区当地价格水平,确定当地管理人员工资单价为 1.61 ~3.88 元/h,外籍管理人员工资单价为 11.83 ~35.19 $/h,基础设施单价为 60 ~275 元/$m^2$,详见表 7-7。

表 7-7 挡水建筑物间接费计算

序号	项目名称	数量	单价	合价(元)
一	当地管理人员			
1	项目经理	21 840 h	3.88 元/h	84 739
2	总监	21 840 h	3.28 元/h	71 635
3	地质工程师	16 250 h	2.36 元/h	38 350
4	安全工程师	20 280 h	2.36 元/h	47 861
5	费用估价师	17 160 h	1.94 元/h	33 290
6	计算机操作员	17 160 h	1.61 元/h	27 628
7	程序员	17 160 h	1.87 元/h	32 089
8	会计师	51 480 h	1.94 元/h	99 871
9	出纳员	85 800 h	1.61 元/h	138 138
10	翻译	51 480 h	1.87 元/h	96 268
⋮	⋮	⋮	⋮	⋮
二	基础设施			
1	仓库设施	1 000 m^2	80 元/m^2	80 000
2	设备维修车间	3 000 m^2	100 元/m^2	300 000
3	电工房	270 m^2	130 元/m^2	35 100
4	医院及急救站	120 m^2	120 元/m^2	14 400
5	油库	400 m^2	275 元/m^2	110 000
6	小型工具间	300 m^2	60 元/m^2	18 000
⋮	⋮	⋮	⋮	⋮
三	其他			
1	人员进出场费	100 人	35 000 元/人	3 500 000
2	营业税	3 %		28 380 000
3	设备保险			4 760 000
	⋮	⋮	⋮	⋮
四	外籍管理人员			合价($)
1	项目经理	21 840 h	35.19 $/h	768 550
2	开挖工程师	63 180 h	11.83 $/h	747 419
3	混凝土浇筑工程师	31 980 h	11.83 $/h	378 323
4	费用估价师	20 280 h	24.81 $/h	503 147
5	会计师	17 160 h	20.77 $/h	356 413
6	翻译	20 280 h	20.77 $/h	421 216
⋮	⋮	⋮	⋮	⋮

求:该工程间接费综合费率。

解:(1)首先以各项数量乘以单价,计算挡水建筑物间接费各分项费用,包括内、外籍管理人员费用,基础设施费用等,见表7-7。按当地货币、外币分别计列。其他建筑物间接费计算方法同挡水建筑物。

(2)汇总计算大坝、泄洪建筑物、引水发电系统等建筑物的间接费用,包括人员工时量的汇总和人工费、材料费、机械费以及其他费用汇总。货币单位均换算为外币,见表7-8。

表7-8 间接费汇总计算

项目名称	人员工时量(h)		人工费($)	机械费($)	材料费($)	其他费用($)	合计($)
大坝	L	4 101 320	9 570 988	574 514	2 054 986	62 186 424	74 386 912
	F	588 900					
	Σ	4 690 220					
泄洪建筑物	L	3 742 840	6 117 869	372 394	1 637 620	89 290 540	97 418 423
	F	331 760					
	Σ	4 074 600					
引水发电系统	L	1 144 970	1 617 892	78 869	473 769	52 912 521	55 083 051
	F	95 160					
	Σ	1 240 130					
基础设施及营区	L	971 896	315 067	153 466	933 641	19 177 844	20 580 018
	F	0					
	Σ	971 896					
勘探洞	L	134 858	44 364	1 876	14 336	1 140 260	1 200 836
	F	0					
	Σ	134 858					
合计	L	10 095 884	17 666 180	1 181 119	5 114 352	224 707 589	248 669 240
	F	1 015 820					
	Σ	11 111 704					

注:表中L为当地人员,F为外籍人员。

(3)各建筑物间接费总数分别除以各建筑物直接费总数,即得各建筑物的间接费费率。计算结果,间接费费率范围为 28.60% ~ 44.01%,该工程间接费综合费率为33.19%,见表7-9。

表 7-9 间接费费率

序号	项目名称	计算基础	间接费费率(%)
一	大坝	直接费	39.31
二	泄洪建筑物	直接费	32.69
三	引水发电系统	直接费	29.96
四	基础设施及营区	直接费	28.60
五	勘探洞	直接费	44.01
	综合费率		33.19

第四节 调 价

水利工程项目由于设计、施工周期较长,需要考虑通货膨胀对于工程投资的影响。调价按货币种类分,有当地货币部分的调价和外币部分的调价;按设计阶段划分,有规划和设计阶段调价、工程师概算调价。

当地货币部分的调价,主要是收集适用于工程的各种成本指数的来源;外币部分的调价要使用不同的调价率。

规划和设计阶段调价,在这两个阶段应以报告日的价格水平作为可行性和筹资预算的编制基础。需要考虑报告日以后发生的物价上涨。

工程师概算调价,要特别注意合同条款的规则。一般以开标日的价格水平来确定其工程的总成本,然后加上一调价额度。计算调价时要明确说明假设的通货膨胀率和详细的进度。

第五节 承包商加价

承包商加价有时称为毛利润。其主要包括总部管理费(或称为一般管理费)、承包商的施工不可预见费、承包商的利润。

一、总部管理费

总部管理费指的是承包商为维持总部办公室、地区和分办公室等机构运行而发生的费用。其主要包括总部办公室的租金和运营、总部人员工资、与最高管理层有关的费用、设计、财会、采购和催货、中心仓库、审计、业务扩展和投标费用等。该部分运行费用应分摊到所施工的各个工程项目上,分摊的方式一般是以百分比的形式,通常为直接费与间接费之和的3.5% ~4.5%。

二、承包商的施工不可预见费

承包商的施工不可预见费,指的是施工过程中由于一些不确定因素或一些不定的条件造成的损失,需要补偿的费用。承包商的施工不可预见费与工程不可预见费(即业主的不可预见费)有所不同,承包商的施工不可预见费包括可能的合同中不支付的费用,业主不可预见费则包括了应对承包商进行支付的工程量的改变。

承包商的施工不可预见费大致分为两类,即所有可能的不可预见的风险,以及可能无法估价的施工活动,具体如下:

(1)与施工有关的风险,如工作范围改变,劳动力、材料和设备供应中断,延期完工,设计缺陷等。

(2)自然灾害风险,如潜在的地下条件,不同的地质条件,不正常的水文和气象条件,不同的地下水情况以及不可抗力等。自然灾害中诸如风暴、火灾等风险可列入保险费中。

(3)工作执行情况,主要指工作效率的不足,比如劳动力和设备的生产率,劳务争议,材料的适用性、可供性、可运性,工作失误,事故和安全等。

(4)经济改变,当调价的规定不能包得住物价上涨时,就必须为这部分未支付物价上涨考虑一定的不可预见费。

(5)政治和公共风险,主要指工程外部的影响因素,如政府对于环保、税率的规定的变化,地方当局对该地区交通和公共设施行使的管辖权等。

承包商的施工不可预见费的大小取决于工程的合同格式、风险分摊、工程的定义和工作条件。

三、承包商的利润

承包商的利润指承包商业务投资的回收,或称为投资回报。计算方法主要有百分比法和回报率法。

(1)按总费用的百分比计算,通常为5%~9%。总费用指的是直接费与间接费之和。需要指出的是,这个百分比不包括总部管理费、施工不可预见费。

(2)按资源组成的百分比计算,一般情况下,对于劳动力费用采用10%~20%,施工工厂和设备费用采用5%~10%,材料和必需品费用采用2%~5%。但是,总的百分比不应超过总费用的11%。

(3)承包商经营投资的回报率,一般承包商的平均回报率为税后的7%~16%。

四、承包商的综合加价率

承包商的综合加价率由总部管理费费率、承包商的施工不可预见费费率、承包商的合理投资回报率相加而确定。在缺乏相关资料的情况下,按总费用的7%~15%计算。

第六节　业主费

业主费指的是在施工价之外,不属于施工控制,由业主直接承担的费用。其包括业主的工程和管理费、工程筹资费、工程不可预见费。

一、业主的工程和管理费

业主的工程和管理分为特定工程和管理、一般工程和管理两项。

特定工程和管理费主要发生在工程项目前期设计阶段,由业主提供的服务和设施所发生的费用、工程发生的费用、施工管理服务费用和其他服务费用组成。

(1)业主提供的服务和设施所发生的费用,包括施工服务、保卫设施、急救设施、教育和安全计划、施工期的现场清理、项目的最终清理、税和保险、现场财产和施工期的改进、验收、检查、启动试验等费用;

(2)工程发生的费用,包括地质和土工勘探工作、土建和机电设计及绘图、输电线和变电站工程设计、计算机服务、机电项目管理工程设计、控制和仪表埋设设计、取暖和通风设计、质量和成本以及进度控制等费用;

(3)施工管理服务费用,包括施工管理人员的工资和薪金、各项补贴、现场办公室、车辆和拖车租赁、通信设备、办公室用品及设备、计算机服务、建筑物维护等费用;

(4)其他服务费用,包括业主提供的电力、污水处理、饮用及工业用水、燃料、电话及传真、废物处理等费用。

一般工程和管理费是指不能分摊到特定工程,只能分摊到所有工程上的费用。主要包括室内外工程、项目规划研究和报告编写、整个系统的设计和研究、工程招标、施工管理和工程控制、业主的内部管理、财会、公共关系及外部审计、办公室租金、车辆运输和采购等费用。

二、工程筹资费

工程筹资费是指业主对工程项目筹资成本的支付费用,其费用大小通常取决于贷款额度和贷款期限。一般根据工程施工进度和投资,编制整个工程的资金流量表,依据贷款额度、期限以及贷款利率计算筹资费用。

三、工程不可预见费

工程不可预见费,也称为业主的不可预见费。工程设计阶段中的工程量与施工计划的工程量有一定的差异,由于缺乏资料而可能发生的、不确定的、不可预见的工程量,需要考虑一定的预备余量。

工程不可预见费一般按占直接费与间接费之和的百分比计算,由于土建工程的不可预见因素较机电部分的多,因此机电部分的不可预见费百分比要小一些。

根据经验数据,在踏勘、预可行性研究阶段,不可预见费占总费用(直接费与间接费之和)的百分比,土建通常为10% ~30%,机电设备通常为10% ~15%;在可行性研究和筹资阶段,不可预见费占总费用的百分比,土建为15% ~25%,机电设备为5% ~10%。

参考文献

[1] 中华人民共和国水利部. 水利建筑工程预算定额(上、下册)[M]. 郑州:黄河水利出版社,2002.

[2] 中华人民共和国水利部. 水利建筑工程概算定额(上、下册)[M]. 郑州:黄河水利出版社,2002.

[3] 中华人民共和国水利部. 水利水电设备安装工程预算定额[M]. 郑州:黄河水利出版社,2002.

[4] 中华人民共和国水利部. 水利水电设备安装工程概算定额[M]. 郑州:黄河水利出版社,2002.

[5] 中华人民共和国水利部. 水利工程施工机械台时费定额[M]. 郑州:黄河水利出版社,2002.

[6] 中华人民共和国水利部. 水利工程设计概(估)算编制规定[M]. 郑州:黄河水利出版社,2002.

[7] 中华人民共和国水利部. 水利工程概预算补充定额[M]. 郑州:黄河水利出版社,2005.

[8] 中国水利学会水利工程造价管理专业委员会. 水利水电工程造价管理(上、下册)[M]. 北京:中国科学技术出版社,1998.

[9] 方国华,朱成立,等. 水利水电工程概预算[M]. 郑州:黄河水利出版社,2008.

[10] 周召梅,徐凤永,等. 工程造价与招投标[M]. 北京:中国水利水电出版社,2007.

[11] 张立中. 水利水电工程造价管理[M]. 北京:中央广播电视大学出版社,2004.

[12] 钟汉华. 水利水电工程造价[M]. 北京:科学出版社,2004.

[13] 徐学东,姬宝森. 水利水电工程概预算[M]. 北京:中国水利水电出版社,2005.